中等职业学校计算机系列教材

zhongdeng zhiye xuexiao jisuanji xilie jiaocai

局域网组建与维护

（第2版）

王霞 曹洪欣 主编

陆敏 彭骏 杨林发 副主编

人民邮电出版社

北京

图书在版编目（CIP）数据

局域网组建与维护 / 王霞，曹洪欣主编. -- 2版
. -- 北京：人民邮电出版社，2013.3（2023.8重印）
中等职业学校计算机系列教材
ISBN 978-7-115-30207-6

Ⅰ. ①局… Ⅱ. ①王… ②曹… Ⅲ. ①局域网－中等
专业学校－教材 Ⅳ. ①TP393.1

中国版本图书馆CIP数据核字(2013)第035480号

内 容 提 要

本书详细地介绍了局域网的组网知识和操作方法，采用项目教学方式，重点培养学生的实际操作
能力，使学生能够系统地掌握局域网的设计和组建方法，以及局域网系统维护的技能。

全书由 8 个项目组成，内容主要包括计算机的连网准备、组建小型对等局域网、组建大型办公
C/S 局域网、组建无线局域网、文件和打印机共享、局域网内部网络服务、局域网管理与故障诊断、
局域网安全防范等。每个项目都设有项目实训和项目拓展，以供读者进行知识的巩固。

本书适合作为中等职业学校"局域网组建与维护"课程的教材，也可作为各类计算机技能培训的
教学用书，还可供计算机爱好者或局域网组网工作人员参考使用。

中等职业学校计算机系列教程
局域网组建与维护（第 2 版）

◆ 主　编　王　霞　曹洪欣
　　副主编　陆　敏　彭　骏　杨林发
　　责任编辑　王　平

◆ 人民邮电出版社出版发行　　北京市丰台区成寿寺路 11 号
　　邮编　100164　电子邮件　315@ptpress.com.cn
　　网址　http://www.ptpress.com.cn
　　固安县铭成印刷有限公司印刷

◆ 开本：787×1092　1/16
　　印张：11　　　　　　　　　2013 年 3 月第 2 版
　　字数：272 千字　　　　　　2023 年 8 月河北第 18 次印刷

ISBN 978-7-115-30207-6

定价：23.00 元

读者服务热线：(010)81055256　印装质量热线：(010)81055316
反盗版热线：(010)81055315
广告经营许可证：京东市监广登字20170147号

中等职业教育是我国职业教育的重要组成部分，中等职业教育的培养目标定位于具有综合职业能力，在生产、服务、技术和管理第一线工作的高素质的劳动者。

随着我国职业教育的发展，教育教学改革的不断深入，由国家教育部组织的中等职业教育新一轮教育教学改革已经开始。根据教育部颁布的《教育部关于进一步深化中等职业教育教学改革的若干意见》的文件精神，坚持以就业为导向、以学生为本的原则，针对中等职业学校计算机教学思路与方法的不断改革和创新，人民邮电出版社精心策划了《中等职业学校计算机系列教材》。

本套教材注重中职学校的授课情况及学生的认知特点，在内容上加大了与实际应用相结合案例的编写比例，突出基础知识、基本技能。为了满足不同学校的教学要求，本套教材中的 4 个系列，分别采用 3 种教学形式编写。

- 《中等职业学校计算机系列教材——项目教学》：采用项目任务的教学形式，目的是提高学生的学习兴趣，使学生在积极主动地解决问题的过程中掌握就业岗位技能。
- 《中等职业学校计算机系列教材——精品系列》：采用典型案例的教学形式，力求在理论知识"够用为度"的基础上，使学生学到实用的基础知识和技能。
- 《中等职业学校计算机系列教材——机房上课版》：采用机房上课的教学形式，内容体现在机房上课的教学组织特点，学生在边学边练中掌握实际技能。
- 《中等职业学校计算机系列教材——网络专业》：网络专业主干课程的教材，采用项目教学的方式，注重学生动手能力的培养。

为了方便教学，我们免费为选用本套教材的老师提供教学辅助资源，教师可以登录人民邮电出版社教学服务与资源网（http://www.ptpedu.com.cn）下载相关资源，内容包括如下。

- 教材的电子课件。
- 教材中所有案例素材及案例效果图。
- 教材的习题答案。
- 教材中案例的源代码。

在教材使用中有什么意见或建议，均可直接与我们联系，电子邮件地址是 wangping@ptpress.com.cn。

中等职业学校计算机系列教材编委会

2012 年 11 月

前　言

随着信息技术和网络技术的发展，中等职业学校的计算机网络教学存在以理论教学为主、以实践为辅的教学方式以及知识比较陈旧等问题。本书在编写时尝试打破传统的学科知识讲授体系，按照局域网组建和维护的操作过程来构建本课程的技能培训体系。

本书主要内容包括组网前的硬软件准备、小型对等局域网和大型办公局域网的组建与配置、无线局域网的组建、局域网提供的服务、局域网的管理与维护等。通过学习本书，学生将具备组建和维护管理各种类型局域网的基本技能，掌握目前主流的局域网组网技术，能够迅速高效地组建方便实用的局域网，并利用这个平台方便地进行批量数据传输、资源共享、即时通信等。

本书既强调基础，又力求体现新知识、新技术，在编写体例上采用项目教学形式，以若干个项目的形式来组织教学，在逐步实现项目要求的同时讲解项目中用到的知识点。讲解过程中尽量使用图片的方式描述整个操作过程，力求做到通俗易懂、重点突出。

本课程的教学课时数为 72 课时，各项目的参考教学课时见以下的课时分配表。

课 程 内 容		课 时 分 配	
		讲授	实践训练
项目一	计算机的连网准备	4	4
项目二	组建小型对等局域网	4	4
项目三	组建大型办公 C/S 局域网	8	4
项目四	组建无线局域网	4	4
项目五	文件和打印机共享	4	4
项目六	局域网内部网络服务	8	4
项目七	局域网管理与故障诊断	4	4
项目八	局域网安全防范	4	4
课 时 总 计		40	32

本书由王霞、曹洪欣任主编，陆敏、彭骏、杨林发任副主编。曹洪欣参与了项目一和项目七的编写，陆敏参与了项目三和项目六的编写。参加本书编写工作的还有沈精虎、黄业清、宋一兵、谭雪松、向先波、冯辉、计晓明、滕玲、董彩霞等。

由于作者的水平有限，书中难免存在疏漏之处，敬请广大读者指正。

编者

2012 年 11 月

目 录

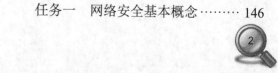

项目一

计算机的连网准备

随着信息技术的迅猛发展，计算机网络在社会中的应用越来越普及，给人们的工作和生活带来了极大的便利，成为了人们日常生活中必不可少的一个组成部分。在这样的环境下，一台计算机如果不连网就可能会成为信息孤岛，将不能最大限度地发挥其作用，最终造成资源浪费。本项目首先来介绍如何让一台计算机具备连网的软硬件环境。

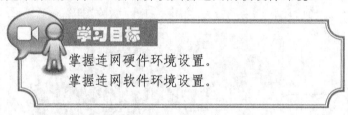

学习目标

掌握连网硬件环境设置。
掌握连网软件环境设置。

任务一 设置硬件环境

连网本身对计算机硬件的要求并不高，奔腾以上的机器配置就完全可以满足需要。而目前的主流机型只要安装了相应的网卡（网络接口卡，NIC），连接到 ISP（网络服务提供商）的接入设备，就可以轻轻松松地在 Internet 的广阔世界里遨游了。

（一）　安装网卡

网卡是组建网络必不可少的设备。网络中每台主机的内部都至少插入了一块网卡，有些具有路由功能的主机或路由器内部甚至安装了多块网卡。目前市场上的网卡分为独立网卡和集成网卡两种：集成网卡集成在主板上，不需要单独安装，驱动程序也包含在主板驱动程序里，只要安装了主板驱动程序就可以直接使用了；独立网卡都是一侧通过 PCI 插槽与主机相连，另一侧通过 RJ-45 接口连接网线的水晶头，使得主机与外部网络有了硬件接口，从而具备了与外部网络进行通信的能力。下面来介绍独立网卡及其安装方法。

【操作步骤】

1.　准备一块独立网卡，如图 1-1 所示，这是一块 D-Link 10/100M 自适应 PCI 独立网卡。

> 网卡按照传输速率不同，可分为 10M 网卡、10/100M 自适应网卡、吉比特网卡以及十吉比特网卡。目前用得最普遍的就是 10/100M 自适应网卡，它已经可以满足日常办公或者家庭上网的需要。服务器领域的产品一般选择千兆以上的网卡。

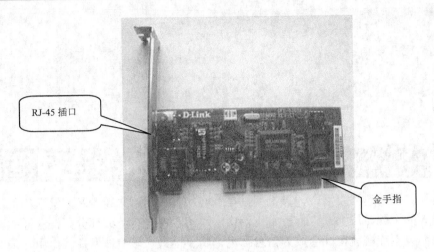

图1-1　D-Link 10/100M 独立网卡

2. 安装之前首先应确认计算机电源已经关闭。打开计算机机箱盖，如图 1-2 所示。

图1-2　打开计算机机箱盖

3. 拆下一片 PCI 插槽附近的挡板，如图 1-3 所示。

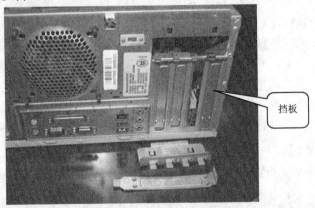

图1-3　拆下一片挡板

4. 将网卡插在相应的空闲扩展槽上。插的时候注意要将网卡垂直对准插槽，用力下压，直到网卡的待插入部分（金手指）与插槽完全接触为止，如图 1-4 所示。

图1-4 将网卡固定在PCI插槽中

5. 用螺钉将网卡固定在机箱上，如图 1-5 所示。

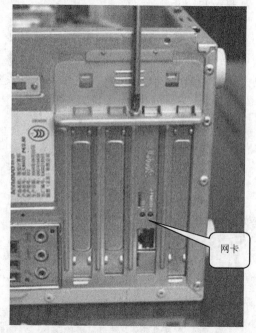

网卡

图1-5 将网卡固定在机箱上

6. 网卡的硬件安装到这里就结束了，只要将做好水晶头的网线的一端接入网卡的 RJ-45 接口中，另一端连接到可用的 ISP 服务设备上，就具备了上网的硬件条件。

> 由于计算机内的精密电子元件容易被静电击穿，所以在安装网卡、内存条等机箱内设备的时候应先释放人体静电。

（二） 制作网线

通常所说的网线就是指双绞线，它是布线工程中最常用的一种传输介质。双绞线是由相互按一定扭矩绞合在一起的类似电话线的传输介质，每根线加绝缘层并有色标来标记。成对线的扭绞可以使电磁辐射和外部电磁干扰减到最小。目前，双绞线可分为非屏蔽双绞线（UTP）和屏蔽双绞线（STP），平时使用较多的是 UTP。

双绞线的做法有两种国际标准，分别是 T568A 和 T568B。它们对线序的规定分别如下：

引针号	1	2	3	4	5	6	7	8
T568A	白/绿	绿	白/橙	蓝	白/蓝	橙	白/棕	棕
T568B	白/橙	橙	白/绿	蓝	白/蓝	绿	白/棕	棕

　　双绞线有两种常用的连接方法：直连线和交叉线。前者主要用于连接交换机的 UPLINK 口至交换机的普通端口或者是交换机的普通端口至计算机网卡，后者主要用于连接交换机的普通端口至交换机的普通端口或者是计算机网卡至计算机网卡（即双机互连）。平时用得比较多的是直连线，下面就介绍直连线的制作步骤。直连线一般使用 T568B 标准制作连接线，即双绞线的两端都采用 T568B 线序。

　　【操作步骤】

1.　准备制作双绞线所需的工具。

　　本例所需工具有 RJ-45 压线钳（实际为多用钳，也可称为剥线钳）、水晶头、网线和测线器（见图 1-6～图 1-9）。压线钳上有 3 处不同的功能，最前端是剥线口，用来剥开双绞线的外壳，中间是压制 RJ-45 头的压线槽，可将 RJ-45 头与双绞线牢牢压在一起，离手柄最近的是锋利的切线刀，可用来切断双绞线。

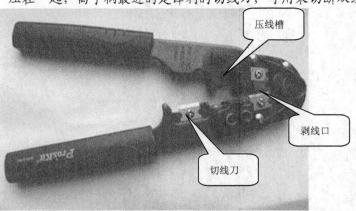

压线槽

剥线口

切线刀

图1-6　RJ-45 压线钳

图1-7　水晶头

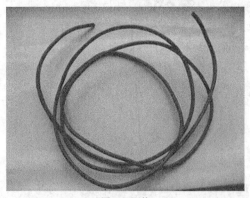

图1-8　网线

图1-9　测线器

2.　用压线钳剥去网线一端的外皮，注意内芯的绝缘层不要剥除，如图 1-10 所示。

3.　露出 4 对扭结在一起的双绞线，如图 1-11 所示。

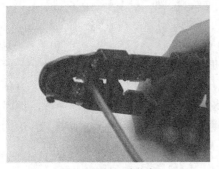

图1-10 剥去网线外皮

图1-11 剥去外皮的网线

4. 按照 T568B 的线序标准对双绞线进行排序。注意线要拉直，线序要正确。用压线钳将排完序的双绞线一次性剪断，长度控制在 12mm 以内，如图 1-12 所示。

5. 将水晶头有金属片的一面朝上，将双绞线沿水晶头底部平面用劲往里推，线一定要插到底，如图 1-13 所示。

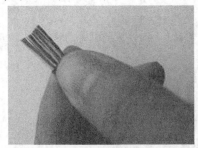

图1-12 给双绞线排序

图1-13 将双绞线插入水晶头

6. 用压线钳将水晶头金属片压紧即可，如图 1-14 所示。

7. 将网线两端的水晶头都做好以后，可用测线器测试网线是否连通。如果右侧 8 个指示灯依次闪过，即制作成功，如图 1-15 所示。

图1-14 将水晶头压紧

图1-15 测试网线连通性

【知识链接】

交叉线的制作过程与直连线完全一样，唯一的不同在于线序。交叉线的一端采用 T568A 的线序，而另一端采用 T568B 的线序。用测线器进行连通性测试的时候，右侧的指示灯闪亮顺序应为：3、6、1、4、5、2、7、8。

请读者自己动手制作一根交叉线。

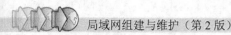

任务二 设置软件环境

当一台计算机具备了上网的硬件条件之后，接下来就必须安装相应的软件。一台没有操作系统的计算机称为"裸机"，用户是无法使用的。操作系统为用户的操作提供了方便的平台，在计算机中起着重要的作用。它不但为所有的应用程序提供了一个运行环境，而且将应用程序同具体硬件隔离。有了它，计算机才能够按照用户的意图有条不紊地工作。下面就来介绍一下操作系统以及网卡驱动程序的安装。

（一） 安装 Windows XP 操作系统

Microsoft 公司虽然已经推出了 Windows Vista 以及更高版本的操作系统，但由于其对计算机硬件要求比较高，目前主流的个人操作系统仍然是 Windows XP，下面简单介绍一下 Windows XP 操作系统的安装过程。

【操作步骤】

1.　准备好 Windows XP Professional 简体中文版安装光盘，并检查光驱是否支持自启动。光盘自启动后，将出现安装欢迎界面，如图 1-16 所示。

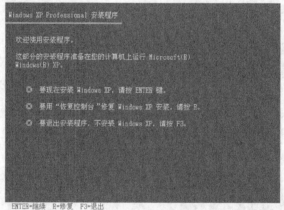

图1-16　安装欢迎界面

2.　要安装 Windows XP 操作系统，按 Enter 键继续，显示如图 1-17 所示的许可协议。

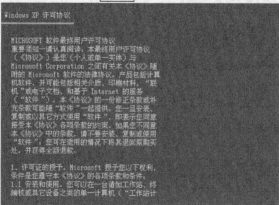

图1-17　显示许可协议

3. 进入许可协议界面后，按 $\boxed{F8}$ 键同意安装，否则按 $\boxed{Esc}$ 键退出安装程序。如果在安装之前要查看协议，可以按 $\boxed{Page\ Down}$ 键翻页。这里按 $\boxed{F8}$ 键，进入如图 1-18 所示的硬盘信息界面。

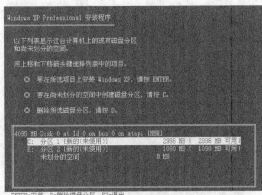

图1-18　显示硬盘信息

4. 要在 C 盘上安装 Windows XP 操作系统，按 $\boxed{Enter}$ 键，进入如图 1-19 所示的选择文件系统界面。

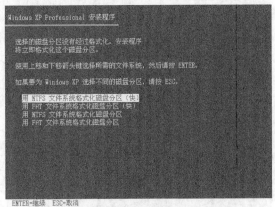

图1-19　选择文件系统

5. 根据需要选择 NTFS 或者 FAT 文件系统，按 $\boxed{Enter}$ 键，安装程序开始格式化分区，如图 1-20 所示。

图1-20　磁盘格式化

Windows XP 操作系统支持 FAT32 和 NTFS 两种文件系统。虽然 Windows XP 操作系统在 FAT32 文件系统下也可以正常使用，但很多时候使用 NTFS 文件系统更加安全可靠，也更加节省硬盘空间。因此在安装 Windows XP 操作系统时，应尽量选择 NTFS 文件系统。

6. 系统设置完成后，安装程序开始复制安装文件，完成部分安装之后，计算机将重新启动，如图 1-21 所示。

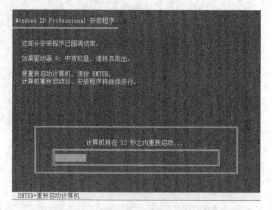

图1-21　重新启动计算机界面

7. 复制完安装文件后，系统开始安装 Windows XP 操作系统，如图 1-22 所示。

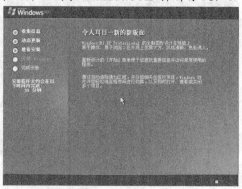

图1-22　安装 Windows XP 操作系统

8. 系统重新启动后会进行软件配置，并保存配置信息。提示用户设置计算机名和管理员密码，如图 1-23 所示。

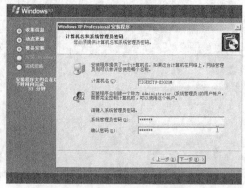

图1-23　设置计算机名和管理员密码

9. 提示用户设置日期、时间和时区，如图1-24所示。

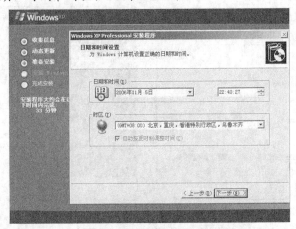

图1-24　设置日期、时间和时区

10. 此后进入自动安装过程，不再需要手动操作，安装程序会自动完成剩余安装过程。安装结束后，再次重新启动计算机，进入 Windows XP 图形操作界面，如图 1-25 所示。

图1-25　进入 Windows XP 图形操作界面

（二）　安装网卡驱动程序

Windows XP/2000/Server 2003 操作系统一般情况下会自动识别并安装网卡驱动程序，不需要单独安装。但是有时受到病毒或者误操作的影响，网卡驱动程序可能遭到破坏，此时就需要重新安装。下面简要介绍在 Windows XP 操作系统中安装网卡驱动程序的过程。

【操作步骤】

1. 用鼠标右键单击桌面上的【我的电脑】图标，在弹出的快捷菜单中选择【计算机管理】命令，打开如图 1-26 所示的【计算机管理】窗口。

2. 可见右侧窗口中的【网络适配器】选项下网卡已安装成功。如果此项未安装成功或运行有问题，则在网卡名称左侧会出现黄色感叹号。假设此处网卡未安装成功，需重新安装驱动程序。在网卡名称上单击鼠标右键，在弹出的快捷菜单中选择【更新驱动程序】命令，弹出【硬件更新向导】对话框，如图 1-27 所示。

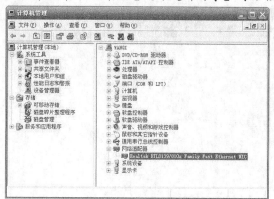

图1-26 【计算机管理】窗口

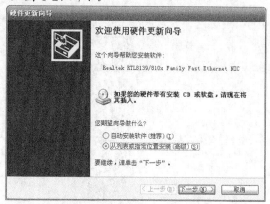

图1-27 【硬件更新向导】对话框

3. 选择【从列表或指定位置安装（高级）】单选按钮，单击 下一步(N) 按钮，如图 1-28 所示。

4. 选择驱动程序所在目录，单击 下一步(N) 按钮，如图 1-29 所示。

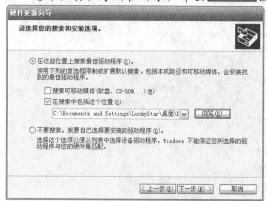

图1-28 选择搜索和安装选项

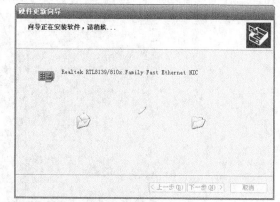

图1-29 正在安装软件

5. 系统从光盘或硬盘中读入所需的网卡驱动文件，自动完成安装，如图 1-30 所示。单击 完成 按钮完成网卡驱动程序的更新。

【知识链接】

杀毒、非正常关机等情况，可能造成网卡驱动程序的损坏。如果网卡驱动程序损坏，网卡不能正常工作，网络也 ping 不通，但网卡指示灯发光。这时可通过【控制面板】中【系统】的【设备管理器】选项卡，查看网卡驱动程序是否正常。如果看到

图1-30 完成硬件更新向导

某个设备左侧显示了黄色的问号或感叹号，前者表示该硬件未能被操作系统识别，后者表示该硬件未安装驱动程序或驱动程序安装不正确。此时只需找到相应的驱动程序并重新安装，即可解决问题。

（三） 安装网络协议

网络协议是网络上所有设备之间通信规则的集合，它定义了通信时信息必须采用的格式和这些格式的意义。网络协议使网络上的各种设备能够相互交换信息。常见的协议有 TCP/IP、IPX/SPX、NetBEUI 等，在局域网中用得比较多的是 IPX/SPX。如果用户要访问 Internet，则必须在网络协议中添加 TCP/IP。当网卡驱动程序安装成功之后，TCP/IP 就已经被自动安装了。下面以 IPX/SPX 为例介绍网络协议的安装过程。

【操作步骤】

1. 用鼠标右键单击桌面上的【网上邻居】图标，在弹出的快捷菜单中选择【属性】命令，出现如图 1-31 所示的【网络连接】窗口。
2. 双击【本地连接】选项，出现如图 1-32 所示的【本地连接 状态】对话框。

图1-31 【网络连接】窗口 　　　　　　　　　　图1-32 【本地连接 状态】对话框

3. 单击 属性(P) 按钮，出现如图 1-33 所示的【本地连接 属性】对话框。
4. 单击 安装(N)... 按钮，出现如图 1-34 所示的【选择网络组件类型】对话框。

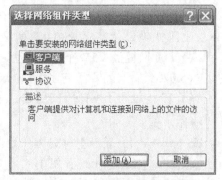

图1-33 【本地连接 属性】对话框 　　　　图1-34 【选择网络组件类型】对话框

5. 单击 添加(A)... 按钮，出现如图 1-35 所示的【选择网络协议】对话框。

6. 选择【NWLink IPX/SPX/NetBIOS Compatible Transport Protocol】选项，单击 确定 按钮，出现如图 1-36 所示的【本地连接 属性】对话框，可见在协议列表框中已经成功添加了 IPX/SPX。

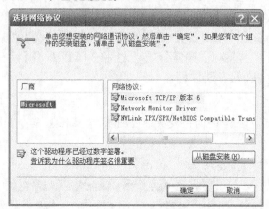

图1-35 【选择网络协议】对话框

图1-36 添加后的【本地连接 属性】对话框

 请读者自己练习添加 IPv6。

（四） 设置 IP 地址及子网掩码

IP 地址用于标识一个连接。一台计算机一般通过一块网卡连入网络，因此标识一个连接也就标识了这台计算机。互联网是由许多小型网络构成的，每个网络上都有许多主机，这样便构成了一个有层次的结构。IP 地址分为网络号和主机号两部分，以便于 IP 地址的寻址操作。IP 地址的网络号和主机号各是多少位呢？如果不指定，就不知道哪些位是网络号，哪些位是主机号，这就需要通过子网掩码来实现。

子网掩码不能单独存在，它必须结合 IP 地址一起使用。子网掩码只有一个作用，就是将某个 IP 地址划分成网络地址和主机地址两部分。子网掩码有数百种，这里只介绍最常用的两种子网掩码："255.255.255.0"和"255.255.0.0"。

- 子网掩码为"255.255.255.0"的网络：最后一个数字可以在 0~255 之间任意选择，因此可以提供 256 个 IP 地址，但实际可用的 IP 地址数量是"256－2"，即254 个，因为主机号不能全是"0"或全是"1"。
- 子网掩码为"255.255.0.0"的网络：后两个数字可以在 0~255 之间任意选择，可以提供 255^2 个 IP 地址，但实际可用的 IP 地址数量是"$255^2－2$"，即65 023 个。

了解了 IP 地址和子网掩码的用途，下面就来看看如何设置本机的 IP 地址和子网掩码。

【操作步骤】

1. 打开【本地连接 属性】对话框（见图 1-33），选择【Internet 协议（TCP/IP）】选项，单击 属性(F) 按钮，出现如图 1-37 所示的【Internet 协议（TCP/IP） 属性】对话框。
2. 选择【使用下面的 IP 地址】单选按钮，然后在相应的输入框中分别输入 IP 地址和子网掩码，如图 1-38 所示。单击 确定 按钮，IP 地址和子网掩码就设置好了。

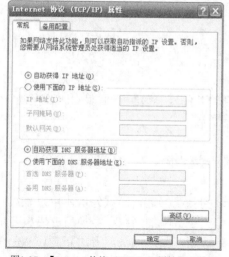

图1-37 【Internet 协议（TCP/IP）属性】对话框

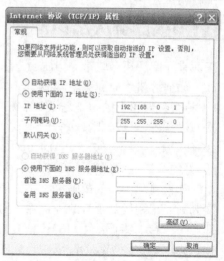

图1-38 设置 IP 地址及子网掩码

【知识链接】

　　IP 诞生至今近 20 年以来，网络技术和网络应用都发生了很大的变化，IPv4（即目前使用的 IP 地址格式）已不能完全适应当前的发展。首先，IP 地址空间的局限性限制了网络的发展。现在的 IP 地址为 32 位，它可容纳超过 100 万个网络，但全球 Internet 的入网主机数量每年翻一番，IP 地址空间很快就会不够使用，因此，必须寻求有更大地址空间的协议。其次，近十年来多媒体技术得到了很大的发展，要求网络能够传输话音和视频等实时数据。IP 数据报的传输采用"尽力而为"的方式，它尽最大努力把数据报尽快地传送到信宿，但它对传输时延和时延抖动不能提供任何保证，即它比较适合数据的传输，并不适合实时数据的传输。因此，必须寻求能支持话音和视频等实时数据传输的协议。正是基于以上的原因，要使 IP 适应网络的发展，就要发展 IP 的新版本，这就是 IPv6。

项目实训　对两台计算机进行双机互连

　　通过本项目的学习，读者已经基本掌握了连网计算机的软硬件环境配置。下面通过实训来巩固和提高所学到的知识。

【实训目的】

通过对两台计算机进行互连，从实践中掌握计算机上网准备过程中的一系列知识点。

【实训要求】

将两台计算机通过一根网线互连，并能通过【网上邻居】互相访问。

【操作步骤】

1. 准备两台计算机，分别安装好网卡以及操作系统。
2. 做一根交叉双绞线并分别连接两台计算机。
3. 分别给两台计算机设置好 IP 地址，一台可设为"192.168.0.1"，另一台可设为"192.168.0.2"，子网掩码均为"255.255.255.0"。
4. 通过【网上邻居】互相访问。

项目拓展 解决常见问题

下面来介绍解决一些常见问题的方法。

(1) 如何分辨优质和劣质网线

① 检查包装箱上的印刷是不是很好。一般质量较差的网线包装箱上印刷比较粗糙。

② 双绞线的对绞越紧越好。

③ 线缆的直径不应该超过 0.4cm。

④ 好的线缆内铜芯光泽和柔韧度都比较好，说明含铜量较多。

(2) 如何排除网线的故障

要判断一根网线是否有故障，除了用前面介绍过的测线器进行测试外，还可以采用替换法，即用另一台能够正常连网的计算机的网线替换可能有故障的网线。替换后的主机若能正常上网，则可确定为网线的故障。一般的解决方法是重新压紧水晶头或者重新制作水晶头。

 项目小结

本项目主要完成了计算机上网前的硬软件准备。本项目分为两个任务：一个是上网计算机的硬件环境配置，另一个是软件环境配置。完成了这两个任务的计算机就具备了接入网络的条件。希望通过这两个任务的学习，能够增强实际动手能力，为以后的学习打下基础。

 思考与练习

一、填空题

1. 计算机的 3 种常用网络协议是：_____、_____、_____。

2. 连入 Internet 必须要安装 _____ 协议。

二、选择题

1. 目前常用的局域网连接设备有（   ）。

　　A. 路由器　　　　B. 交换机　　　　C. 光缆　　　　D. 水晶头

2. IPv4 地址有（   ）位。

　　A. 8　　　　　　B. 16　　　　　　C. 32　　　　　　D. 64

三、简答题

1. 直连双绞线的线序是什么？

2. 为什么要发展 IPv6 地址格式？

四、操作题

1. 安装网卡驱动程序。

2. 设置计算机的 IP 地址及子网掩码。

3. 安装常用的网络协议。

项目二

组建小型对等局域网

随着计算机应用技术的不断普及，计算机技术水平的不断提高，组建小型局域网的需求日益强烈。组建家庭或宿舍小型网络将使得多台计算机可实现软硬件资源共享、Internet 连接共享、连网游戏等，既方便了人们的工作学习，又丰富了娱乐生活。

学习目标

了解对等网络及其规划。
掌握 Windows XP 环境下对等网的组建。
掌握 Windows Server 2003 环境下对等网的组建。
掌握 Internet 共享接入方式。

任务一 规划对等网络

上个项目中已经实践了双机互连，通过双机互连可以使两台计算机互相访问，这实际上就是结构最简单的一种对等网。

所谓对等网（Peer-to-Peer），就是指在网络中不需要专用的服务器，每一台接入网络的计算机既是服务器，也是工作站，拥有绝对的自主权。对等网中每台计算机之间的关系是完全对等的，连接网络后双方可以互相访问，没有主从差异。然而，对等网不能共享可执行程序，只有上升到"客户机/服务器"（Client/Server，C/S）结构的局域网，才能共享服务器上的可执行程序。可是，C/S 结构的网络需要配置一台高性能的计算机作为网络中的服务器让大家共享，这台计算机不用于个人应用，而且需要专人（网络管理员）维护，因此成本（人力、资金）将会大大增加。可见，对等网是一种投资少、见效快、高性价比的实用型小型网络系统。对等网的使用比较普遍，通常用于家庭、学生宿舍或比较小型的办公网络，连接的计算机数一般不超过 10 台。如果连接到对等网的计算机超过 10 台，网络的性能会有所降低，最好改用 C/S 结构的网络。目前绝大部分对等网都采用星型拓扑结构，硬件要求除了必备的网卡和双绞线之外，还需要一台集线器或交换机。

对等网也称为工作组网，它不像企业网络是通过域来控制的，在对等网中没有"域"，只有"工作组"。"工作组"的概念远没有"域"那么广，所以对等网的用户数也是非常有限的。

（一）　规划家庭对等网

家庭网络中的计算机数量一般为 2～4 台，组建家庭局域网的目的主要是共享软硬件资源以及共享接入 Internet。家庭网络对数据安全性与带宽的要求不高，容易操作，不需要太多投资。目前家庭中使用最普遍的组网方式是利用宽带路由器共享上网，下面就着重介绍这种组网方式。

【操作步骤】

1. 给每台计算机都安装好网卡，并为每台计算机准备好一根足够长的普通双绞线。如果所有的计算机都在同一个房间，那么只需要用双绞线将计算机连接到宽带路由器即可。但是如果计算机分布在不同的房间，甚至在不同的楼层里时，则必须在墙上打洞，让线缆穿过墙壁连接所有的计算机。现在许多新装修的房子通常已经事先完成了这项工作，在需要上网的房间都预理了双绞线。

2. 准备一个宽带路由器，图 2-1 和图 2-2 所示为一台 4 口 D-Link 无线宽带路由器。路由器是 TCP/IP 网络上的一种网络互连设备，用于在不同的网段间扮演网关的角色，提供数据包的转发和传输路线。

图 2-1　4 口 D-Link 无线宽带路由器正面　　　图 2-2　4 口 D-Link 无线宽带路由器背面

3. 将每台计算机网卡接口通过双绞线与宽带路由器的接口互连，形成以宽带路由器为中心的星型网络结构，如图 2-3 所示。

4. 连接好以后，宽带路由器就如同一台小型交换机，将几台计算机互相连通，即可实现软硬件资源的共享。通常家庭中都需要共享接入 Internet，这就是在这里使用宽带路由器的原因，它是专为满足小型企业办公和家庭上网需要而设计的，性能优越、配置简单。在本项目

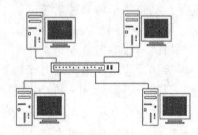

图 2-3　星型网络拓扑结构

的任务四中将详细介绍如何用宽带路由器接入 Internet。

各节点计算机连接到宽带路由器的双绞线长度不应超过 100m。

（二）　规划宿舍对等网

目前每个学校都建设了校园网，并且在每个学生宿舍内都有连网接口。学生只需要将计

算机通过双绞线接入墙上的接口并设置好 IP 地址等网络连接参数，就可以接入校园网。但通常宿舍内的网络接口不会太多，一般只有一两个，学生数或计算机数一般有 4~8 个，因此必须配置集线器或交换机共享上网。学生宿舍组网的目的是共享软硬件资源、网络教学以及共享接入校园网。它对数据的安全性要求不高，无需使用专门的服务器，采用星型对等网络结构即可。

【操作步骤】

1. 图 2-4 所示为一款国产 5 口集线器。集线器（Hub）就是将网线集中到一起的机器，也就是多台主机和设备的连接器。集线器的主要功能是对接收到的信号进行同步整形放大，以扩大网络的传输距离，所以它属于中继器的一种，区别仅在于集线器能提供更多的连接端口，而中继器只是一个 1 对 1 的专门延长传输距离的连接器。集线器多用于小型区域的组网，不过随着交换机的价格整体下调，集线器的性价比明显偏低，已基本被市场淘汰。

2. 图 2-5 所示为一台 8 口 D-Link 交换机。局域网中的交换机，也叫做交换式 Hub（Switch Hub）。用集线器组成的网络称为共享式网络，而用交换机组成的网络称为交换式网络。共享式以太网存在的主要问题是所有用户共享带宽，每个用户的实际可用带宽随网络用户数的增加而递减。在交换式以太网中，交换机提供给每个用户专用的信息通道，除非两个源端口企图同时将信息发往同一个目的端口，否则多个源端口与目的端口之间可同时进行通信而不会发生冲突。交换机只是在工作方式上与集线器不同，其他的如连接方式、速率选择等与集线器基本相同。目前的交换机从速率上分为 10M、100M、1 000M 等几种，所提供的端口数多为 8 口、16 口、24 口等几种。

图 2-4　5 口集线器

图 2-5　8 口 D-Link 交换机

3. 用双绞线将计算机分别接入集线器或交换机，就可以完成学生宿舍组网。如果需要连接校园网，只需用双绞线连接交换机端口与墙上的 RJ-45 接口，并在各计算机上设置相应网络参数即可。

请读者自己动手在宿舍中利用交换机组建对等网。

任务二　组建 Windows XP 对等网

与其他操作系统相比，Windows XP 对等网的组建方法相对比较简单，依据安装向导就可以完成。对等网组建成功后，网络中的计算机应能通过【网上邻居】看见对方，从而实现互访。

（一）　安装并设置网络组件

　　首先按照项目一中的步骤给上网计算机安装好网卡及其驱动程序，并且设置好 IP 地址和子网掩码，然后添加用户名，操作步骤如下。

　　【操作步骤】

1.　选择【开始】/【控制面板】命令，打开如图 2-6 所示【控制面板】窗口。

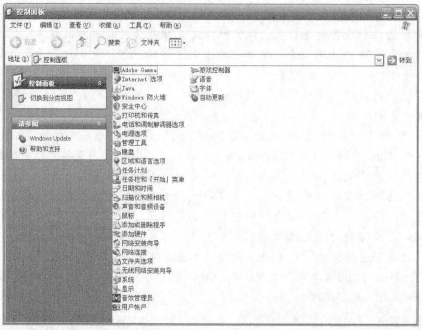

图 2-6　【控制面板】窗口

2.　双击【用户账户】选项，打开如图 2-7 所示的【用户账户】窗口。在该窗口中可以新建用户账户，也可以更改或者删除已有的用户账户。

图 2-7　【用户账户】窗口

3. 单击【创建一个新账户】选项，出现如图 2-8 所示的【用户账户】窗口，在文本框中可输入新建账户的用户名。

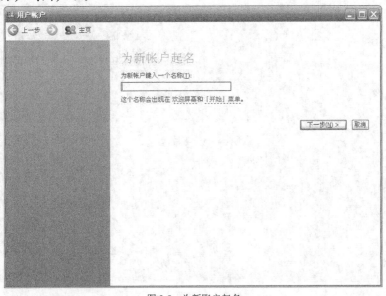

图 2-8　为新账户起名

4. 单击 下一步(N) > 按钮，出现如图 2-9 所示窗口。在该窗口中可设置账户的权限，分为"计算机管理员"和"受限"两种。其中，"计算机管理员"账户对该计算机拥有最高权限，可进行一切操作；"受限"账户只具有查看共享文档的文件、查看已创建的文件、更改自己的显示图片等简单的权限。

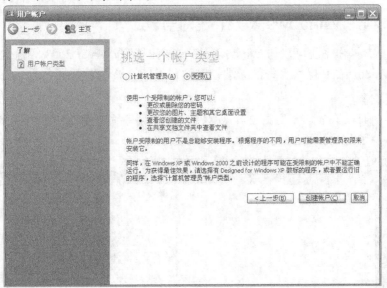

图 2-9　挑选一个账户类型

5. 单击 创建帐户(C) 按钮，该账户创建成功并返回如图 2-10 所示的窗口。与图 2-7 对比可发现下方多了一个受限账户"user1"，这说明已经成功新建了一个账户。此时重新启动计算机即可通过该账户登录。在同一台计算机上使用不同账户登录时，对计算机网络的使用权限会有所不同。

图 2-10　用户账户界面

　　Windows XP 家庭版操作系统虽然与专业版操作系统的功能相差无几，但在安全性、可管理性等方面稍逊一筹。例如，在专业版操作系统中可以针对某个文件夹或文件设置特定的用户权限，但使用家庭版操作系统的用户则不可以。

（二）　利用 Windows XP 组建对等网

Windows XP 操作系统可以与 Windows 98/NT/XP/2000/Server 2003 等操作系统组建对等网。在安装 Windows XP 操作系统的一端设置网络连接的操作步骤如下。

【操作步骤】

1. 打开【控制面板】窗口（见图 2-6），双击【网络安装向导】选项，打开如图 2-11 所示的【网络安装向导】对话框。
2. 单击 下一步(N) > 按钮，出现如图 2-12 所示的对话框。

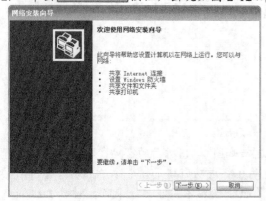

图 2-11　【网络安装向导】对话框

图 2-12　继续之前

3. 单击 下一步(N) > 按钮，出现如图 2-13 所示的对话框。由于是组建对等网，并不需要连接到 Internet，因此选择【其他】单选按钮。

4. 单击 下一步(N) > 按钮，出现如图 2-14 所示的对话框。由于是组建对等网，在这里选择【这台计算机属于一个没有 Internet 连接的网络】单选按钮。

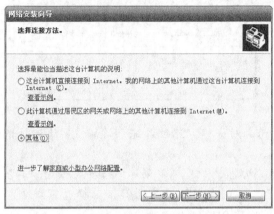

图 2-13　选择连接方法

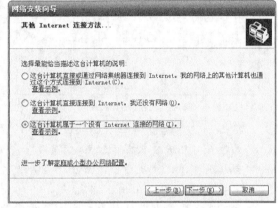

图 2-14　选择 Internet 连接方法

5. 单击 下一步(N) > 按钮，出现如图 2-15 所示的对话框。分别在【计算机描述】和【计算机名】文本框中输入这台计算机在网络中的名称。【计算机描述】文本框中的内容在网络中并不重要，可根据需要输入一些说明性文字，也可以不输入任何内容，这并不会影响网络的安装和工作。计算机名在网络中必须是唯一的，不能与其他计算机重名。

6. 单击 下一步(N) > 按钮，出现如图 2-16 所示的对话框。在【工作组名】文本框中输入该计算机要加入的对等网的工作组名称。

图 2-15　输入计算机描述和名称

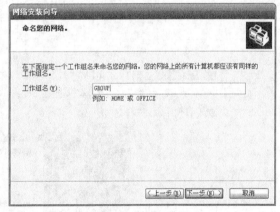

图 2-16　命名工作组

7. 单击 下一步(N) > 按钮，出现如图 2-17 所示的对话框。可在此处选择是否启用文件和打印机共享。

8. 单击 下一步(N) > 按钮，出现如图 2-18 所示的对话框。在此处显示了所有已设置的参数。如果需要修改参数，可单击 <上一步(B) 按钮返回进行更改。

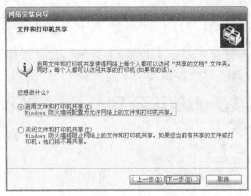

图 2-17　文件和打印机共享　　　　　　　　　图 2-18　准备应用网络设置

9. 单击 下一步(N) > 按钮，出现如图 2-19 所示的对话框。此时系统开始测试网络连接情况，并对相关参数进行配置。

10. 当系统测试无误之后出现如图 2-20 所示的对话框。此处可以创建网络安装磁盘，是否需要创建该磁盘由用户自行决定。此处不需要创建网络安装磁盘，选择【完成该向导，我不需要在其他计算机上运行该向导】单选按钮。

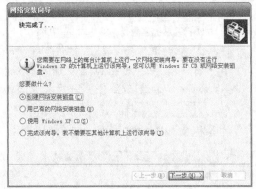

图 2-19　测试网络连接　　　　　　　　　　图 2-20　是否创建网络安装磁盘

11. 单击 下一步(N) > 按钮，出现如图 2-21 所示的对话框。此处可以单击【共享文件和文件夹】选项来设置资源的共享属性。单击 完成 按钮结束设置。重新启动计算机后即可与其他计算机进行通信。

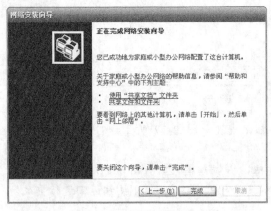

图 2-21　完成网络安装向导

【知识链接】

对等型网络的资源共享方式较为简单，网络中的每个用户都可以设置自己的共享资源，并可以访问网络中其他用户的共享资源。网络中的共享资源分布较为平均，每个用户都可以设置并管理自己计算机上的共享资源，并可随意进行增加或删除。用户还可以为每个共享资源设置只读或完全控制属性，以控制其他用户对该共享资源的访问权限。若用户将某一共享资源设置为只读属性，则访问该共享资源的用户将无法对其进行编辑修改；若设置为完全控制属性，则访问该共享资源的用户可对其进行编辑修改等操作。

任务三　组建 Windows Server 2003 对等网

目前主流的操作系统除了 Windows XP，还有 Windows Server 2003 以及 Windows Vista 等。由于 Windows Vista 对计算机硬件要求比较高，这里就不做讨论了。这里主要介绍基于 Windows Server 2003 操作系统的对等网组建。

（一）　在 Windows Server 2003 环境下安装网卡驱动程序

在 Windows Server 2003 操作系统中安装网卡驱动程序与在 Windows XP 操作系统中安装网卡驱动程序的过程基本相同，只是安装界面略有不同。Windows Server 2003 操作系统的硬件设备驱动增强了许多，因此硬件设备的兼容性极强。目前市场上的网卡基本上均能被 Windows Server 2003 操作系统识别，从而实现全自动安装。为了能让用户了解在 Windows Server 2003 操作系统下当网卡驱动程序出现错误时如何处理，下面演示一下在 Windows Server 2003 操作系统下网卡驱动程序的安装过程。

【操作步骤】

1. 用鼠标右键单击桌面上的【我的电脑】图标，在弹出的快捷菜单中选择【属性】命令，打开【系统属性】对话框，如图 2-22 所示。
2. 单击 设备管理器(D) 按钮，出现如图 2-23 所示的【设备管理器】窗口。

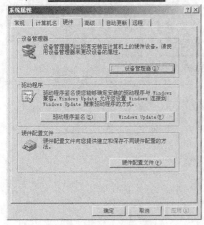

图 2-22　【系统属性】对话框　　　　　　　　图 2-23　【设备管理器】窗口

3. 双击【网络适配器】下的【Intel (R) PRO/100 VE Network Connection】网卡选项，出现网卡属性对话框，切换到【驱动程序】选项卡，如图 2-24 所示。

4. 单击 更新驱动程序(P) 按钮，出现如图 2-25 所示的【硬件更新向导】对话框。

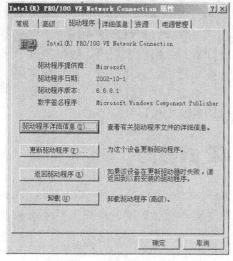

图 2-24 网卡属性对话框

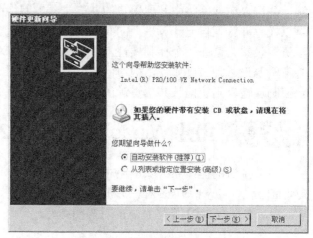

图 2-25 【硬件更新向导】对话框

5. 选择【从列表或指定位置安装(高级)】单选按钮，出现如图 2-26 所示的对话框。

6. 单击 下一步(N) 按钮，出现如图 2-27 所示的对话框。

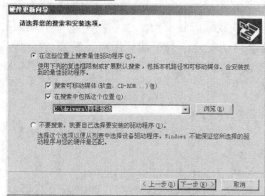

图 2-26 选择搜索和安装选项

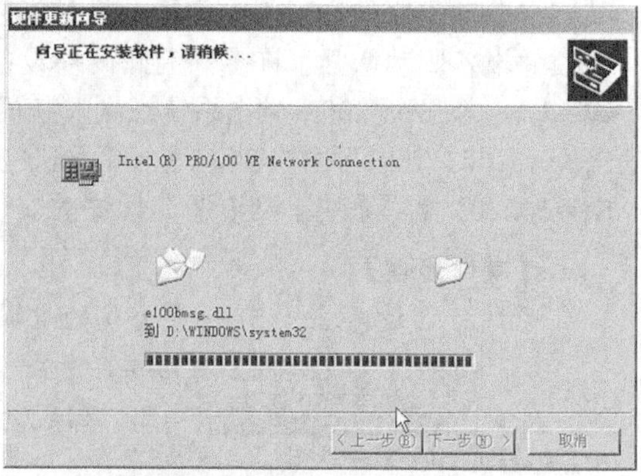

图 2-27 向导正在安装软件

7. 稍等一会儿，出现如图 2-28 所示的对话框，单击 完成 按钮即可完成安装。

图 2-28 完成硬件更新向导

（二） 在 Windows Server 2003 环境下标识计算机

在 Windows Server 2003 操作系统中对计算机的标识与在 Windows 2000/XP 操作系统中比较类似，操作步骤如下。

【操作步骤】

1. 在对等网的组建中计算机名必须唯一，因此需要演示在 Windows Server 2003 操作系统下如何更改计算机名称。用鼠标右键单击桌面上的【我的电脑】图标，在弹出的快捷菜单中选择【属性】命令，出现如图 2-29 所示的【系统属性】对话框。

2. 单击 更改(C) 按钮，出现如图 2-30 所示的【计算机名称更改】对话框。可以在【计算机名】文本框中输入计算机名，在【工作组】文本框中输入工作组名。

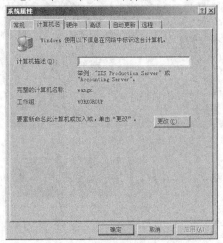
图 2-29 【系统属性】对话框

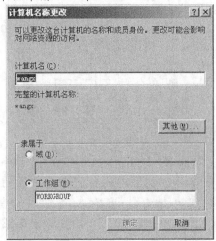
图 2-30 【计算机名称更改】对话框

请读者自己练习在 Windows Server 2003 环境下更改计算机名。

任务四 局域网共享接入 Internet

Internet 正迅速影响着人们的生活、学习和工作。无论是对于只有几台计算机的家庭（宿舍）或是拥有更多台计算机的公司企业来说，如果希望本地局域网中的所有用户都能同时访问 Internet，那么所需要做的就是将该局域网接入 Internet，以实现共享上网。局域网接入 Internet 有多种方式，下面来介绍两种典型的共享上网方式：ADSL 方式和 Internet 连接共享方式。

（一） ADSL 利用路由器共享接入 Internet

非对称数字用户线路（Asymmetric Digital Subscriber Line，ADSL），有时也称作非对称数字用户环路（Asymmetric Digital Subscriber Loop）。ADSL 是一种在电话铜缆上进行较高速率数据传输的方法。ADSL 以普通电话线作为传输介质，在普通双绞线上实现下行速率高达 8Mbit/s，上行速率高达 640kbit/s 的传输速率。只要在普通线路两端加装 ADSL 设备，即

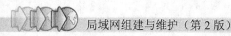

可使用 ADSL 提供的高带宽服务。通过一条电话线，便可以获得比普通调制解调器（Modem）快 100 倍的速率。ADSL 的出现使得过去使用窄带 Modem 拨号上网的方式基本被淘汰。目前利用 ADSL 接入 Internet 是家庭、小型公司企业以及网吧的主要上网方式。

【操作步骤】

1. 图 2-31 所示为利用 ADSL 路由器共享方式接入 Internet 的示意图。如果使用的是 4 口宽带路由器，当接入 Internet 的计算机数量超过 4 台时就需要级联交换机。

2. 图 2-32 所示为一台 ADSL Modem，此设备及其配件由 ISP 提供。

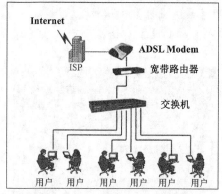

图 2-31　ADSL 接入 Internet 示意图

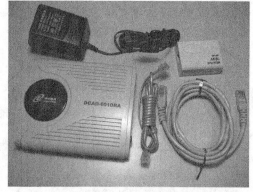

图 2-32　ADSL Modem

3. 按照如图 2-31 所示结构把各个设备用双绞线连接起来，就可以进行宽带路由器的配置了。在计算机地址栏中输入宽带路由器默认地址"http://192.168.0.1"，出现如图 2-33 所示的登录对话框。

4. 按照宽带路由器的产品说明书输入用户名和密码，单击 确定 按钮，进入如图 2-34 所示的配置窗口。

图 2-33　宽带路由器登录对话框

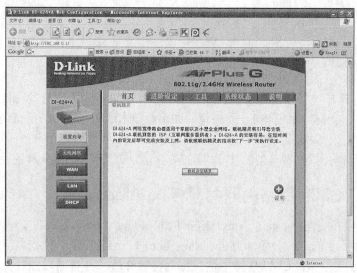

图 2-34　宽带路由器配置窗口

5. 单击 联机设定精灵 按钮，出现如图 2-35 所示的窗口。

6. 单击 按钮，出现如图 2-36 所示的窗口。此时可重新设置登录宽带路由器的密码，也可以不做更改，继续使用原来的密码。

图 2-35 联机设定精灵

图 2-36 设定密码

7. 单击 按钮，出现如图 2-37 所示的窗口。此处可选择所在时区。

8. 单击 按钮，出现如图 2-38 所示的窗口。

图 2-37 选择时区

图 2-38 自动侦测 WAN 型态

9. 稍等一会儿，自动出现如图 2-39 所示的窗口。此处可以不填主机名称。

10. 单击 按钮，出现如图 2-40 所示的窗口。由于在这里使用了具有无线功能的宽带路由器，所以有设定无线通信的内容，此处暂不考虑无线配置，不需要填写任何内容。

图 2-39　设定动态 IP 地址

图 2-40　设定无线通信联机

11. 单击 按钮，出现如图 2-41 所示的窗口。设置已经完成。

图 2-41　设定完成

12. 单击 按钮，返回主配置页面。单击左侧的 **WAN** 按钮，出现如图 2-42 所示的配置窗口。

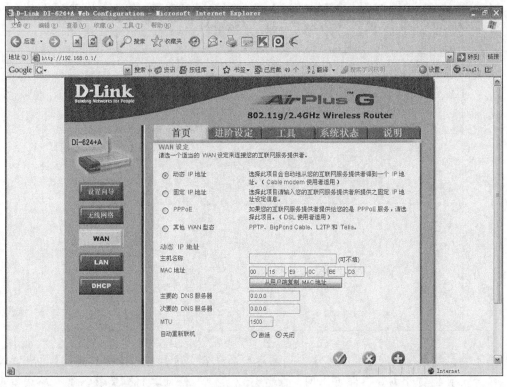

图 2-42　WAN 配置窗口

13. 选择【PPPoE】单选按钮，出现如图 2-43 所示的窗口，在文本框中分别输入 ISP 提供的上网账号和密码。

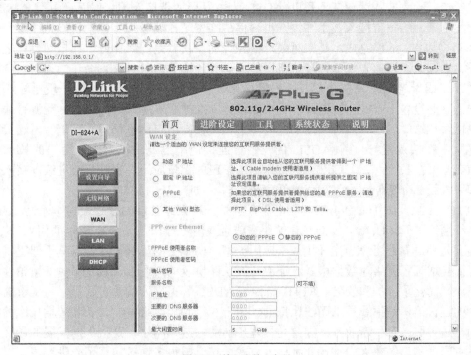

图 2-43　输入账号、密码

14. 单击 ✅ 按钮，完成 WAN 配置。出现如图 2-44 所示的窗口，显示正在重新激活。

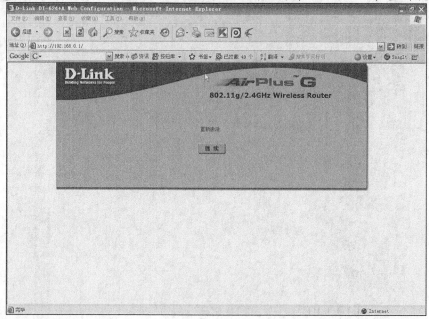

图 2-44　重新激活

15. 单击 继续 按钮，即可完成宽带路由器参数的配置。这时在已连接好的计算机上不需要拨号，直接打开浏览器即可上网。配置好以后，其他计算机只需接入宽带路由器即可直接上网，不需要再做任何设置。

【知识链接】

前些年，绝大多数运营商还是以 ADSL 为主发展宽带接入的。然而，由于 ADSL 是建立在铜线基础上的宽带接入技术，铜是世界性战略资源，随着国际铜缆价格持续攀升，以铜缆为基础的 xDSL 的线路成本越来越高。而光纤的原材料是二氧化硅，在自然界取之不尽，用之不竭。因此，目前光纤的市场价格已经低于普通铜线，并且其寿命还远高于后者。在新铺用户线路或者老电缆替换中，光纤已经成为更合理的选择，特别是主干段至配线段。其次，作为有源设备，xDSL 的电磁干扰难以避免，维护成本越来越高。作为无源传输介质的光纤可以避免这类问题。随着全网的光纤化进程继续向用户侧延伸，端到端宽带连接的限制越来越集中在接入段，目前 ADSL 的上下行连接速率已无法满足高端用户的长远业务需求。随着光纤在长途网、城域网乃至接入网主干段的大量应用，光纤将会继续向接入网的配线段和引入线部分延伸，最终实现光纤到户，即 FTTH。

FTTH（Fiber To The Home），顾名思义就是一根光纤直接到家庭。具体地说，FTTH 是指将光纤网络单元（ONU）安装在住家用户或企业用户处，是光纤接入系列中除 FTTD（光纤到桌面）外最靠近用户的光纤接入网应用类型。FTTH 的显著技术特点是不但提供更大的带宽，而且增强了网络对数据格式、速率、波长和协议的透明性，放宽了对环境条件和供电等的要求，简化了维护和安装。FTTH 是传统 ADSL 等上网方式的替代品，可提供的带宽是ADSL 的上百倍，是铜线技术无法比拟的。由于光纤到户对带宽、波长和传输技术种类都没有限制，适于引入各种新业务，因此是最理想的业务透明网络，是接入网发展的最终方式。目前，中国电信已经在大力推行此种接入方式，在全国很多地区实现了光进铜退。

（二） Internet 连接共享方式接入 Internet

Internet 连接共享（Internet Connection Sharing，ICS），是 Windows 操作系统针对家庭及小型的 Intranet（又称企业内部网，是 Internet 技术在企业内部的应用。它实际上是采用 Internet 技术建立的企业内部网络，核心技术是基于 Web 的计算。Intranet 并不一定要和 Internet 连接在一起，它完全可以自成一体作为一个独立的网络）提供的一种接入方式。它相当于一种网络地址转换器。家庭（宿舍）网络或小型办公网络中的计算机可以使用私有地址，并通过这个转换器将私有地址转换成 ISP（或学校）分配的单一的公用 IP 地址，从而实现 Internet 连接。通常提供共享服务的那台计算机需要安装两块网卡，其中一块网卡负责与 ISP（或学校）提供的上网接口相连；另一块网卡则与其他计算机通过集线器或交换机相连。下面就来介绍在 Windows XP 操作系统下 ICS 配置的操作步骤。

【操作步骤】

1. 选择【开始】/【控制面板】命令，在【控制面板】窗口中双击【网络连接】选项，打开如图 2-45 所示的【网络连接】窗口。

图 2-45　【网络连接】窗口

2. 单击左侧【网络任务】栏中的【设置家庭或小型办公网络】选项，打开如图 2-46 所示的【网络安装向导】对话框。

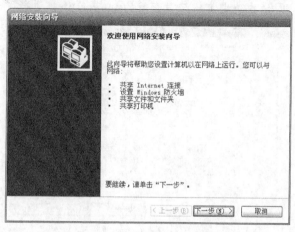

图 2-46　【网络安装向导】对话框

3. 单击 下一步(N) > 按钮，出现如图 2-47 所示的对话框。

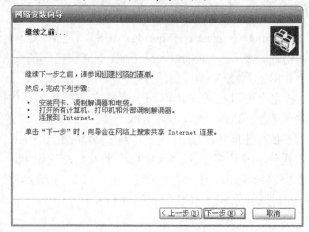

图 2-47　继续安装之前

4. 单击 下一步(N) > 按钮，出现如图 2-48 所示的对话框。因为首先配置的是有 Internet 连接的计算机，所以此处选择第 1 个单选按钮。

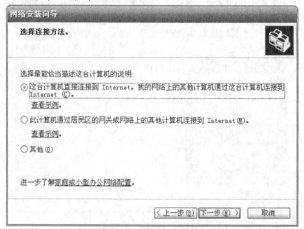

图 2-48　选择连接方法

5. 单击 下一步(N) > 按钮，出现如图 2-49 所示的对话框。在此处选择有效的 Internet 连接。可用系统默认选项，因为系统通常已经对有效的 Internet 连接进行了测试。

图 2-49　选择 Internet 连接

6. 单击 下一步(N) > 按钮，出现如图 2-50 所示的对话框，输入计算机描述和名称。

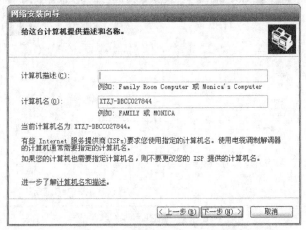

图 2-50 输入计算机描述和名称

7. 单击 下一步(N) > 按钮，出现如图 2-51 所示的对话框，输入工作组名。

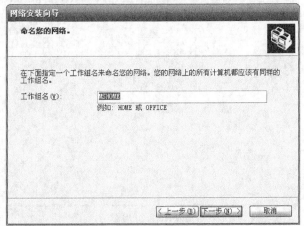

图 2-51 命名工作组名

8. 单击 下一步(N) > 按钮，出现如图 2-52 所示的对话框，选择是否需要启用文件和打印机共享。

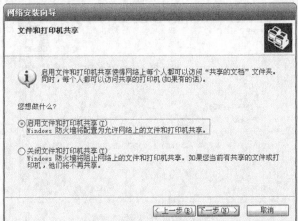

图 2-52 文件和打印机共享

9. 单击 下一步(N) > 按钮，出现如图 2-53 所示的对话框。

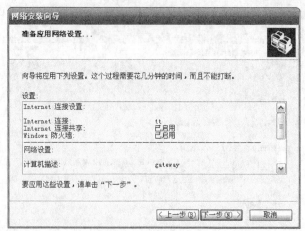

图 2-53　准备应用网络设置

10. 单击 下一步(N) > 按钮，出现如图 2-54 所示的对话框。

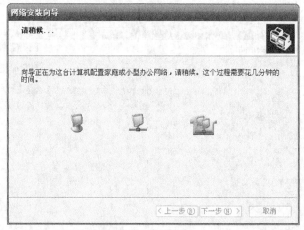

图 2-54　正在配置

11. 单击 下一步(N) > 按钮，出现如图 2-55 所示的对话框。此处可选择【创建网络安装磁盘】
单选按钮，制作一张安装盘以用于其他连网的计算机。

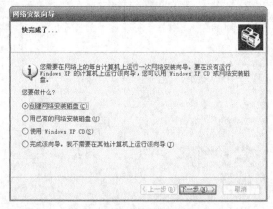

图 2-55　创建网络安装磁盘

12. 单击 下一步(N) > 按钮，出现如图 2-56 所示的对话框。此处可选择可移动磁盘或软驱。许
多计算机已经不安装软驱了，在这里选择【可移动磁盘】选项。

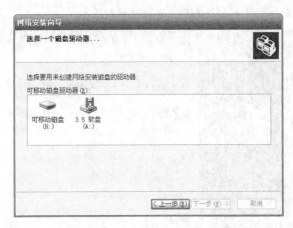

图 2-56 选择一个磁盘驱动器

13. 单击 下一步(N) > 按钮，出现如图 2-57 所示的对话框。

14. 如果需要格式化磁盘，可单击 格式化磁盘(F) 按钮，出现如图 2-58 所示的【格式化 可移动磁盘】对话框。

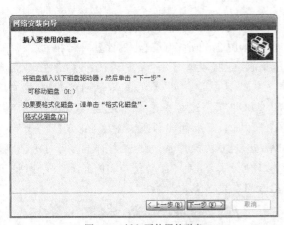

图 2-57 插入要使用的磁盘

图 2-58 【格式化 可移动磁盘】对话框

15. 磁盘格式化完毕之后，单击 下一步(N) > 按钮，出现如图 2-59 所示的对话框。

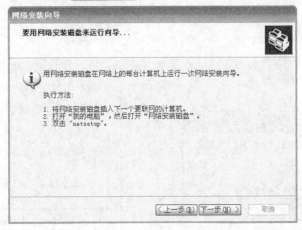

图 2-59 网络安装磁盘执行方法

16. 单击 下一步(N) > 按钮，出现如图 2-60 所示的对话框。

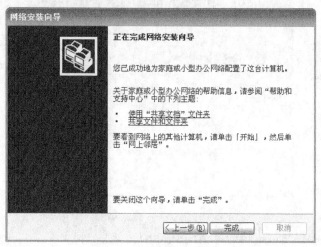

图 2-60　正在完成网络安装向导

17. 单击 完成 按钮，出现如图 2-61 所示的【系统设置改变】对话框。单击 是(Y) 按钮重启计算机。

18. 重新启动计算机之后，打开【网络连接】窗口（见图 2-45），用鼠标右键单击【tt】连接，在弹出的快捷菜单中选择【属性】命令，出现如图 2-62 所示的【tt 属性】对话框。

19. 切换到【高级】选项卡，可以看到【Internet 连接共享】一栏中的几个复选框均被选取。如果要停止将这台计算机作为共享主机，只需取消对【允许其他网络用户通过此计算机的 Internet 连接来连接】复选框的选取即可。这时查看"本地连接"属性，可以发现本机的 IP 地址已经由【自动获得 IP 地址】变成固定设置"192.168.0.1"，子网掩码也已设置为"255.255.255.0"。此外，Windows XP 操作系统还在内部启动了 DHCP 服务和 DNS 服务。这样，即为局域网中的其他计算机以"自动获得 IP 地址"和"使用 DHCP 进行 WINS 解析"的方式实现相互访问奠定了基础。

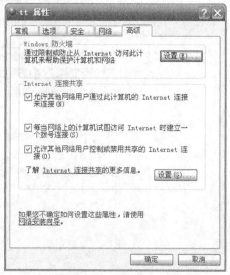

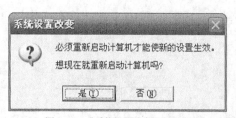

图 2-61　【系统设置改变】对话框　　　　图 2-62　【tt 属性】对话框

20. 下一步安装客户机的 Internet 共享连接。将刚才制作好的可移动磁盘插入客户机接口，运行磁盘中的 "Netsetup.exe" 文件，出现如图 2-63 所示的对话框。

图 2-63　网络安装向导

21. 单击 是(Y) 按钮，出现如图 2-64 所示的对话框。

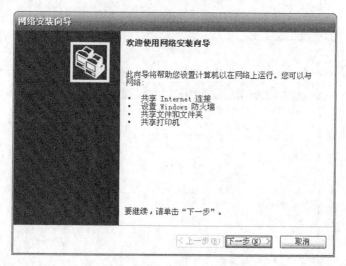

图 2-64　欢迎使用网络安装向导

22. 单击 下一步(N) > 按钮，出现如图 2-65 所示的对话框。

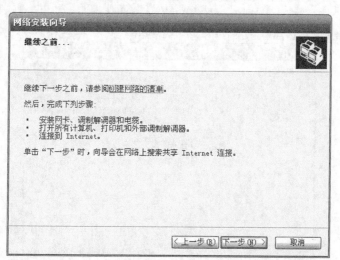

图 2-65　继续安装之前

23. 单击 下一步(N) > 按钮，出现如图 2-66 所示的对话框。此处为客户机配置，应选择【此计算机通过居民区的网关或网络上的其他计算机连接到 Internet】单选按钮。

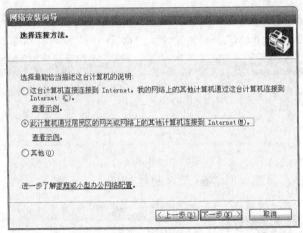

图 2-66　选择连接方案

24. 单击 下一步(N) > 按钮，出现如图 2-67 所示的对话框，输入计算机描述及名称。

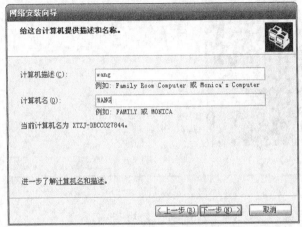

图 2-67　输入计算机描述和命名

25. 单击 下一步(N) > 按钮，出现如图 2-68 所示的对话框，输入工作组名。

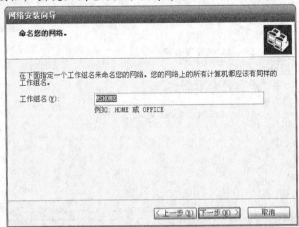

图 2-68　输入工作组名

26. 单击 下一步(N) > 按钮，出现如图 2-69 所示对话框，可选择是否启用文件及打印机共享。

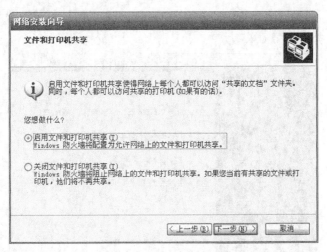

图 2-69　文件和打印机共享

27. 单击 下一步(N) > 按钮，出现如图 2-70 所示的对话框。

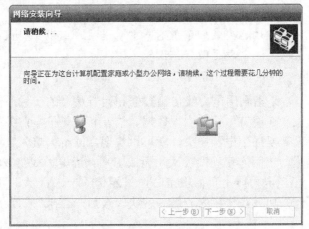

图 2-70　正在配置

28. 单击 下一步(N) > 按钮，出现如图 2-71 所示的对话框。此处不再需要创建磁盘，选择
【完成该向导。我不需要在其他计算机上运行该向导】单选按钮。

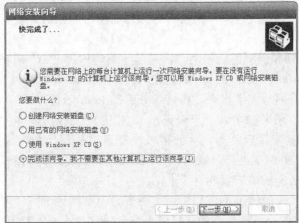

图 2-71　即将完成安装向导

29. 单击 [下一步(N) >] 按钮，出现如图 2-72 所示的对话框。单击 [完成] 按钮，系统要求重新
启动计算机，之后即可完成配置。

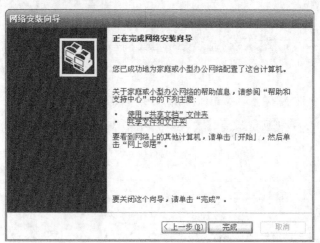

图 2-72　完成网络安装向导

30. 至此，主机与客户机就均已安装好了 ICS 软件。当主机连接到 Internet 之后，客户机也
可以打开浏览器上网，不需要再做任何设置。

【知识链接】

电力线上网（PLC）是指利用电力线传输数据和话音信号的一种通信方式。该技术在不
需要重新布线的基础上，在现有电线上实现数据、语音和视频等多业务的承载，最终可实现
四网合一。终端用户只需要插上电源插头，就可以实现 Internet 接入、电视频道接收节目、
打电话或者是可视电话，上网方便程度仅次于无线上网。当电力线空载时，点对点 PLC 信
号可传输到几公里。但当电力线上负荷很重时，只能传输一二百米。目前，PLC 还不适合
长距离的数据传输，但假如只在楼宇内应用，解决"最后一百米"的入户问题，还是完全可
以胜任的。

原理上，用户通过电源插座即可实现宽带接入，无须综合布线。PLC 技术分为低压
PLC 和中压 PLC 两种。PLC 利用 1.6M 到 30M 频带范围传输信号。在发送时，利用 GMSK
或 OFDM 调制技术对用户数据进行调制，然后在电力线上进行传输，在接收端，先经过滤
波器将调制信号滤出，再经过解调，就可得到原通信信号。依具体设备的不同，目前可达到
的通信速率在 4.5M~45M 之间。

PLC 设备分为局端和调制解调器两种，局端负责与内部 PLC 调制解调器的通信和与外
部网络的连接。在通信时，来自用户的数据进入调制解调器调制后，通过用户的配电线路传
输到局端设备，局端将信号解调出来，再转到外部的 Internet。

对于家中已接入宽带网的个人用户来说，只要购置一或两只"电力猫"，一只接入室外
进来的网络运营商的宽带接口，另一只就可以插在室内任何一个电源插座上，然后再利用
RJ-45 双绞线与计算机的网卡连接，或利用 USB 连线与计算机的 USB 接口连接就可以了，
在房间里只要有电线插座的地方就能有线上网。

在只有一个宽带入口的情况下，如果要实现多台电脑同时上网，可由宽带路由器或带路
由的 ADSL 猫实现内置网络地址转换（NAT）和动态地址分配（DHCP），再在每个用户端

配置一个电力猫，便能实现多台电脑共享一个宽带入口上网。当然，更多情况下，是 ISP 在进行电力布线时，已选用了"电力路由器（PLC Router）"，它也能实现内置网络地址转换（NAT）和动态地址分配（DHCP），让 N 个电力猫实现 N 台电脑同时上网。

项目实训 在宿舍实现多台计算机利用 ICS 共享上网

通过以上任务的介绍，读者已经基本掌握了 Windows XP/Server 2003 环境下的对等网组网技术以及利用宽带路由器和 ICS 共享接入 Internet 的操作步骤。下面将通过实训来巩固和提高所学到的知识。

【实训目的】

通过将多台计算机组网并连接到 Internet 的实践，掌握计算机对等网组网以及使用 ICS 软件接入 Internet 的一系列知识点。

【实训要求】

利用学校为每个宿舍提供的 Internet 接口，使用交换机将几台计算机组成一个对等网，并利用 ICS 技术将每台计算机接入 Internet。

【操作步骤】

1. 准备好两台以上的计算机，其中一台安装双网卡作为 ICS 主机。
2. 准备一台交换机，所有计算机将与之相连。
3. 将 ICS 主机的一块网卡 A 与墙上的网络插口相连，并按照学校网络中心的要求设置好 IP 地址。
4. 将 ICS 主机的另一块网卡 B 与交换机接口相连。
5. 分别在主机与客户机上安装好 ICS 软件，最终实现共享上网。

项目拓展 解决常见问题

1. 用 ADSL 上网频繁掉线

用户在家里上网常常因为电源静电干扰而引起网络无法连接，可引一根地线与电源插座相连接。此外，用 ADSL Modem 上网对电话线要求比较高。首先是线路的各个接头一定要接好，其次是在 ADSL Modem 分离器之前不能连接任何设备，如电话分机等。

2. 安装双网卡有冲突

一般来说，安装好第 2 块网卡之后启动计算机，进入 Windows 操作系统以后会出现"发现新硬件，要求安装磁盘"的提示，按照提示操作即可完成驱动程序的安装。而当两块网卡型号完全相同的时候则不会出现该提示，因为其驱动程序已经安装好了。但由于两块网卡参数的接近，它们容易产生硬件冲突，解决硬件冲突的办法如下。

(1) 用鼠标右键单击【我的电脑】图标，在弹出的快捷菜单中选择【管理】命令，打开【计算机管理】窗口。

(2) 双击左侧栏的【设备管理器】选项，会在【网络适配器】位置出现惊叹号。

(3) 用鼠标右键单击该网卡，在弹出的快捷菜单中选择【属性】命令，将出现的对话框切换到【资源】选项卡，即可看到参数产生的硬件冲突，或是和哪些设备产生的冲突。

（4）取消对【使用自动设置】复选框的选取，双击有红色标志的参数，并对其值进行指定，直到【冲突设备列表】窗口中出现"没有冲突"的提示即可。

 项目小结

本项目主要完成了家庭对等网的组网，以及局域网分别通过软硬件方式共享接入 Internet 的操作过程。本项目分为 4 个任务：首先是对等网的网络规划，其次是 Windows XP/Server 2003 环境下对等网的组网，最后是局域网通过宽带路由器和 ICS 方式接入 Internet。完成了这几个任务就可以实现小型局域网以对等方式组网并且共享接入 Internet，从而完全实现小型局域网的资源共享。希望通过这几个任务的学习，能够增强实际动手能力，在实际生活中充分享受网络带来的便利。

 思考与练习

一、填空题

1. 局域网共享上网除了使用代理服务器软件或是宽带路由器，还可以使用 Windows 操作系统自带的_____。

2. 在局域网内部使用的 IP 地址是_____。

3. 电力线上网（PLC）是指利用电力线传输_____和_____信号的一种通信方式。

二、选择题

1. 在 ADSL 宽带上网方式中，（   ）不是必需的。

A. ADSL Modem   B. 宽带路由器   C. 上网账号   D. 网卡

2. 对等网只需要安装（   ）协议就可以实现资源共享。

A. TCP/IP   B. NetBEUI   C. IPX/SPX   D. NetBIOS

三、简答题

1. 对等网与其他网络形式相比，有什么优点？它在什么情况下最适用？

2. 路由器有什么作用？

四、操作题

1. 给不同操作系统的计算机设置标识。

2. 在 Windows Server 2003 环境下实现 ADSL 宽带上网。

3. 利用 ICS 方式上网，并给客户机指定内部 IP 地址（不使用 DHCP 自动分配的地址）。

项目三

组建大型办公 C/S 局域网

随着办公自动化和无纸化等应用的普及和深入发展，人们的日常工作已经离不开网络。许多企事业单位的用户已经通过办公网络实现了日常事务处理的网络化，并以此推动着本单位的信息化建设进程。与家庭局域网相比，办公局域网对安全性和稳定性的要求较高，因为一旦发生网络连接故障，有可能会丢失重要数据。将办公计算机连网也有利于办公人员相互之间协同工作，提高工作效率。因此要建立高效、快捷和安全的办公环境，就必须运用网络技术组建办公局域网。

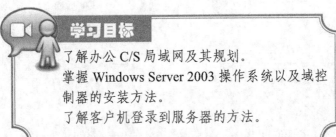

学习目标

了解办公 C/S 局域网及其规划。
掌握 Windows Server 2003 操作系统以及域控制器的安装方法。
了解客户机登录到服务器的方法。

任务一 规划办公 C/S 局域网

C/S 系统是计算机网络（尤其是 Internet）中最重要的应用技术之一，其系统结构是把一个大型的计算机应用系统变为多个能互相独立的子系统。C/S 采用不同于对等网的结构和工作模式，网络中有专门的服务器，目前最常用的是 Windows Server 2003 操作系统。和对等网相比，C/S 局域网的功能更强大、性能更安全、使用更广泛，多用于大中型企业、政府部门、学校、医院等场合。

（一） 了解办公局域网拓扑结构以及布线规划

设计办公局域网的拓扑结构，通常采用总线—星型混合型结构，并且采用 C/S 模式。服务器、网管工作站以及各下属单位的汇聚层（二层）交换机均接入核心（三层）交换机，构成整个网络的骨干链路，其余的交换机或用户机则通过汇聚层交换机接入网络。这种结构的网络具有良好的可扩展性，便于日常维护和管理。还可以在核心交换机上划分 VLAN（虚拟局域网），从而可以有效地控制广播风暴，既提高了网络的安全性，同时也减轻了网络的负担。在网络建设初期，布线工程是非常重要的，只有将布线工程做好，才能为网络的正常运转打好基础。布线属于隐蔽工程，所以在走线与设计的初期一定要合理规划，只有建立坚实的地基才能让网络大厦更加牢固。

如果仅仅是进行浏览网页、上网聊天、收发邮件等操作，一个十兆网络就可以满足要求。但如果有视频点播、网络教学等大数据量的网络应用，则至少要建成百兆网络。目前主流的大中型办公局域网已经至少是千兆骨干网，有一部分甚至已经建成了万兆骨干网。

　　星型网络结构是指通过中心设备将许多信息点相互连接。在电话网络中，这种中心结构是 PABX（一种客户电话交换系统，能通过包括 3 位或 4 位电话分机号的中继组和路由呼叫接到电话中心局）。在数据网络中，这种设备是主机或集线器。在星型网中，可以在不影响系统其他设备工作的情况下，非常容易地增加和减少设备。图 3-1 所示为一个学校的办公局域网拓扑结构图。

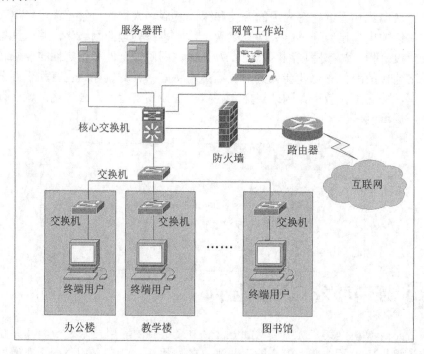

图 3-1　办公局域网拓扑结构图

　　在进行网络布线规划时，应根据网络结构和施工现场的实际情况综合确定布线方案。对一幢办公楼而言，布线规划可分为水平布线和垂直布线两部分。水平布线指的是同一楼层的布线情况，主要是同一楼层的办公室之间以及办公室内部的布线，是将主干线路延伸到用户工作区的连接。垂直布线指的是楼层与楼层之间的布线情况，是实现数据终端设备、程控交换机之间的连接。网线从中心机房出发，连接到各个办公室的信息插座。所有办公室内的双绞线都应采用墙脚走线。同一层楼的水平线应通过走廊吊顶布线，再通过每个办公室靠近走廊的一侧墙上开的孔进入室内。垂直布线将各楼层配线架与主配线架相连，利用主干电缆完成各楼层之间的通信，从而使整个布线系统成为一个有机的整体。每个楼层配线间均需采用垂直主干线缆连接到大楼的中心机房。图 3-2 所示为一个中心机房，也就是一幢大楼的主设备间。

图 3-2　中心机房

结构化布线是一项系统工程，应严格按照工业标准进行操作，这样即使网络规模日益增大，也可以非常方便准确地进行管理和维护。图 3-3 所示为排列整齐的理线架。

图 3-4 所示为设备间内的垂直线缆。

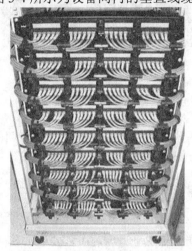

图 3-3　理线架

图 3-4　垂直线缆

 办公室的网络布线要在企业网建设时计算机装备数量的基础上考虑 60%左右的冗余，避免网络建成不久便因一些办公室的端口数量不足而连接网段扩展设备（如集线器、交换机），致使网络通信出现故障。

（二）　了解办公局域网网络连接设备

大中型办公局域网中必需的网络连接设备主要是路由器和交换机（二层和三层交换机）。路由器位于该局域网的边界上，它是互连网络中必不可少的网络设备之一。路由器是一种连接多个网络或网段的网络设备，它能将不同网络或网段之间的数据信息进行"翻译"，以使它们能够相互"读懂"对方的数据，从而构成一个更大的网络。任何一个局域网想要接入外部网络都必须使用路由器。作为局域网的主要连接设备，以太网交换机成为普及最快的网络设备之一。随着交换技术的不断发展，以太网交换机的价格急剧下降，基本已实现交换到桌面。用户数量快速增长时，通常使用交换机级联或堆叠的方式扩充网络接口。

① 办公局域网中使用的路由器是企业级路由器，与前面介绍过的家庭用宽带路由器不同。普通的家用路由器能满足一般的上网要求，自带简单的防火墙，另外还有一些端口映射、MAC 地址克隆、特殊应用程序设置等功能，但这些功能面对大型的企业网络就显得薄弱了。企业路由器会有更多、更详细的设置，除了以上家用路由器具备的功能外，还可以自定义一些防黑客及病毒的设置，背板带宽更大，能承受很大的网络流量变化，价格也相应的要高得多。路由器主要工作在 TCP/IP 的第三层：网络层。网络层提供路由选择及其相关的功能，这些功能使得多个数据链路被合并到互连网络上。图 3-5 所示为一台 Cisco 路由器。

② 交换机通常工作在 TCP/IP 的第二层：数据链路层。这一层定义了诸如物理编址、网络拓扑、线路规范、错误通知以及流量控制等功能。目前一些高档交换机还具备了一些新的功能，例如对 VLAN 的支持、对链路汇聚的支持，甚至有的交换机还具有路由和防火墙的功能（如三层交换机）。图 3-6 所示为一台模块化三层交换机。

图 3-5 Cisco 路由器

图 3-6 模块化三层交换机

③ 办公局域网中还需要用到大量的二层交换机。图 3-7 所示为一台 D-Link 二层交换机。

④ 堆叠和级联是连接交换机以扩展端口的两种手段。所谓堆叠，是指使用专门的模块和线缆，将若干交换机堆叠在一起，将它们作为一台交换机进行使用和管理，实现高速连接。所谓级联，是指使用普通的线缆将交换机连接在一起，实现相互之间的通信。采用堆叠方式时，交换机之间的连接带宽通常大于 1Gbit/s；采用级联方式时，带宽最高只有1Gbit/s。不过，堆叠需要借助于专门的模块和电缆实现，所以价格相对较高。并不是所有交换机都支持堆叠，这要取决于交换机的品牌甚至是型号是否支持堆叠。图 3-8 所示为几台交换机进行堆叠。

图 3-7 D-Link 二层交换机

图 3-8 交换机堆叠

⑤ 交换机级联就是交换机与交换机之间通过交换端口进行扩展，这样一方面解决了单一交换机端口数不足的问题，另一方面也解决了离机房距离较远的客户端和网络设备的连接。因为单段双绞以太网电缆可达到 100m，每级联一台交换机就可扩展 100m 的距离。但这也不代表可以任意级联，因为线路过长，一方面信号在线路上的衰减也较多；另一方面，下级交换机仍共享上级交换机的一个端口可用带宽，层次越多，最终的客户端可用带宽也就越低，这样对网络的连接性能影响非常大，所以从实用角度来看，建议最多部署三级交换机，即核心交换机—二级交换机—三级交换机。这里的三级并不是说只能允许最多部署 3 台交换机，而是从层次上讲只能有 3 个层次。连接在同一交换机上不同端口的交换机都属于同一层次，所以每个层次又能允许几台甚至几十台交换机级联。层级联所用端口可以是专门的级联（UpLink）端口，也可以是普通的交换端口。有些交换机配有专门的 UpLink 端口，但有些却没有。如果有专门的级联端口，则最好利用，因为它的带宽通常比普通交换端口高，可进一步确保下级交换机的带宽。如果没有专门的级联端口，则只能通过普通交换端口级联。图 3-9 为交换机级联的示意图。

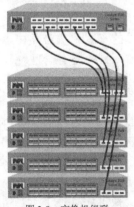

图 3-9 交换机级联

【知识链接】

前面介绍的路由器处于网络边界的边缘或末端,叫做"边界路由器",用于不同网络路由器的连接,这也是目前大多数路由器的类型。这类路由器所支持的网络协议和路由协议比较广,背板带宽非常高,具有较高的吞吐能力,可满足不同类型网络(包括局域网和广域网)的互连。还有一种路由器叫做"中间节点路由器",处于局域网的内部,通常用于连接不同的局域网,起到一个数据转发的桥梁作用。中间节点路由器更注重 MAC 地址的记忆功能,要求较大的缓存。因为所连接的网络基本上是局域网,所以所支持的网络协议比较单一,背板带宽也较小,这些都是为了获得最高的性价比。与三层交换机的路由功能相比,它的路由功能更强。但在局域网这种数据交换频繁的网络中,采用中间节点路由器进行局域网的连接,网络性能可能会受到一定影响。总的来说,在所连接的局域网或子网较多、网络互访不是很频繁、路由较复杂的环境中,最好采用中间节点路由器连接方案;但在少数子网连接、网络间互访频繁的环境中,最好还是采用三层交换机连接方式。这样还可节省设备投资,因为三层交换机不仅具有满足应用需求的路由功能,还可当作交换机使用,连接许多网络设备。

 请读者进行交换机的级联,并分别使用 UpLink 口和普通交换端口,体会何种情况下使用直连线,何种情况下需要使用交叉线。

(三) 了解 IP 地址规划

如果要写信给别人,必须要知道他的地址,这样邮递员才能把信送到。计算机就像是邮递员,它必须知道唯一的"家庭地址"才不至于把信送错人家,计算机的地址就好比是家庭住址。只不过家庭地址是用文字来表示的,计算机的地址是用十进制数字表示的,这就是"IP 地址"。

1. IP 地址简介

(1) IP 地址的结构。

IP 地址是 IP 协议用来标识网络中的主机、路由器和网关等设备的不同接口。IP 地址相当于网络设备接口的身份证。从网络的层次结构考虑,一个 IP 地址必须指明两点:属于哪个网络?是这个网络中的哪台主机?因此,IP 地址的结构为"网络号+主机号",其网络地址的位数和主机地址的位数因网络的规模大小而不同。IP 地址根据网络号的不同分为 5 种类型:A 类地址、B 类地址、C 类地址、D 类地址和 E 类地址。

一个 A 类 IP 地址由 1 个字节的网络地址和 3 个字节主机地址组成,网络地址的最高位必须是"0",地址范围为 1.0.0.0 到 126.0.0.0。可用的 A 类网络有 126 个,每个网络能容纳 1 亿多个主机。

一个 B 类 IP 地址由 2 个字节的网络地址和 2 个字节的主机地址组成,网络地址的最高位必须是"10",地址范围为 128.0.0.0 到 191.255.255.255。可用的 B 类网络有 16 382 个,每个网络能容纳 6 万多个主机。

一个 C 类 IP 地址由 3 个字节的网络地址和 1 个字节的主机地址组成,网络地址的最高位必须是"110"。范围为 192.0.0.0 到 223.255.255.255。C 类网络可达 209 万余个,每个网络能容纳 254 个主机。

D 类 IP 地址第一个字节以"1110"开始，它是一个专门保留的地址。它并不指向特定的网络，目前这一类地址被用在多点广播（Multicast）中。多点广播地址用来一次寻址一组计算机，它标识共享同一协议的一组计算机。

E 类 IP 地址以"11110"开始，为将来使用保留。

(2) IP 地址的协议版本。

目前广泛使用的 IP 协议版本是 1981 年 9 月制定的 IPv4。IPv4 规定 IP 地址用 32 位二进制数表示。为了便于读写，采用点分十进制数表示法，形式如 192.168.89.151。

(3) 子网与子网掩码。

为了提高 IP 地址的使用效率，人们将二级结构中的主机号部分进一步划分为子网号和主机号，IP 地址的结构就变成了"网络号＋子网号＋主机号"的三级结构。这样使得 IP 地址有了一定的内部层次结构，这种层次结构便于 IP 地址的分配和管理。

同一网络中的不同子网用子网掩码来划分，子网掩码（mask）是将 IP 地址中对应网络标识码的各位取 1，对应主机标识码的各位取 0 而得到的。如果两台主机的 IP 地址和子网掩码的"与"的结果相同，则这两台主机是在同一个子网中。在没有划分子网时，网络的默认子网掩码分别为 255.0.0.0、255.255.0.0 和 255.255.255.0。在做 IP 地址规划时往往需要设置子网，如果将一个网络的主机号部分拿出 n 位用作子网地址，可以将原来的网络划分为 2^n 个子网，这些子网的大小都是相同的。采用可变长子网掩码（VLSM）分配机制，可将网络划分成不同大小的子网，为单位节省大量的 IP 地址空间。

(4) NAT。

NAT（网络地址转换）就是把在内部网络中使用的 IP 地址转换成外部网络中使用的 IP 地址，把不可路由的 IP 地址转换成可路由的 IP 地址，对外部网络隐蔽内部网络的结构。通过 NAT，可以节省 NIC（网络信息中心）注册的 IP 地址。

内部地址是 Internet 地址分配组织规定的以下 3 类网络地址（又叫保留地址或私有地址）：

10.0.0.0~10.255.255.255

172.16.0.0~172.31.255.255

192.168.0.0~192.168.255.255

这 3 类网络地址不会在 Internet 中被分配，任何一个局域网都可以使用。使用私有网络地址的主机与互联网中的主机通信时，要通过网络地址转换技术，将私有地址转换成公有地址。

NAT 应用有 3 种方式：静态 NAT（static NAT）、动态 NAT（dynamic NAT）和端口复用 NAT（PAT）。静态 NAT 是采用固定分配的方法映射内部网络的和外部网络的 IP 地址。动态 NAT 则是采用动态分配的方法映射内部网络的和外部网络的 IP 地址。PAT 则是把多个内部网络 IP 地址映射到外部网络的同一个 IP 地址的不同端口上。

2．IP 地址的规划

IP 地址的规划常常是网络设计过程中一个很重要的环节。IP 地址规划的好坏，将影响到网络路由协议算法的效率、网络的性能、网络的扩展及网络的管理，也将直接影响到网络应用的进一步发展。

(1) IP 地址的分配原。

IP 地址空间分配要与网络拓扑层次结构相适应，既要有效地利用地址空间，又要体现出网络的可扩展性和灵活性，同时要能满足路由协议的要求，以便网络中的路由聚类，减少路由器中路由表的长度，减少路由器 CPU 和内存的消耗，提高路由算法的效率，加快路由变化的收敛速度，同时还要考虑到网络地址的可管理性。具体分配时要遵循以下原则。

- 唯一性：一个 IP 网络中不能有两个主机采用相同的 IP 地址。
- 简单性：地址分配应简单且易于管理，降低网络扩展的复杂性，简化路由表项。
- 连续性：连续地址在层次结构网络中易于进行路由表聚类，大大缩减路由表，提高路由算法的效率。
- 可扩展性：地址分配在每一层次上都要留有余量，在扩展网络规模时能保证地址聚合所需的连续性。
- 灵活性：地址分配应具有灵活性，以满足多种路由策略的优化，充分利用地址空间。

(2) IP 地址分配方案。

IP 地址包括从 Cernet 或电信等网络运营商处申请的公网 IP 地址以及本单位自己设置的私有 IP 地址两种。

① 公有 IP 地址的分配。这里的公有地址也称为实地址（又叫合法地址），即从运营商处申请的多个 IP 地址，和国际互联网互连。在对网络实 IP 地址进行分配时，要本着节约的原则，合理分配，充分利用。

IP 地址的分配可按单位及区域进行分配。对需要 IP 地址多且发展潜力大的单位，可为其分配多个独立的 IP 地址。对那些只需少量地址的，可按地理位置等，让几个单位共用一个或几个地址。为了便于管理，可将一段连续的 IP 地址子网化，但子网的数量不宜过多，因为子网化是以牺牲部分 IP 地址为代价的。

② 私有 IP 地址的分配。在作网络规划时，应先设计网络的私有部分。原则上所有的内部连接都应使用私有地址空间，然后在需要的地方设计公有子网并设计外部连接。这样，当网内某台主机地址发生了变化时，仅对这台主机重新编址并安装所需的物理子网即可。对三类私有 IP 地址，任何局域网都可使用，具体使用哪一类，要视网络规模而定。如果要通过划分子网来管理，用 24 位的私有地址空间较合适，在进行子网划分时要充分考虑到网络的扩展。若子网化有困难，可以 C 类地址为单位，分片划分 IP。为了便于路由的聚合，在地址的分配上应使用连续的 C 类地址。使用这部分地址的用户要和国际互联网发生联系，需采用 NAT 技术将内部地址转换成外部地址。

3. Ipv4 与 Ipv6

现有的互联网是在 IPv4 协议的基础上运行的。IPv6 是下一版本的互联网协议，也可以说是下一代互联网的协议，它的提出最初是因为随着互联网的迅速发展，IPv4 定义的有限地址空间将被耗尽，而地址空间的不足必将妨碍互联网的进一步发展。为了扩大地址空间，拟通过 IPv6 以重新定义地址空间。IPv4 采用 32 位地址长度，只有大约 43 亿个地址，已于 2011 年 2 月全部分配完毕，而 IPv6 采用 128 位地址长度，几乎可以不受限制地提供地址。按保守方法估算，IPv6 实际可分配的地址，整个地球的每平方米面积上仍可分配 1 000 多个，号称能让"地球上每一粒沙子都接入互联网"。在 IPv6 的设计过程中除解决了地址短缺问题以外，还考虑了在 IPv4 中解决不好的其他一些问题，主要有端到端 IP 连接、服务质量（QoS）、安全性、多播、移动性、即插即用等。

与 IPv4 相比，IPv6 主要有如下优势。

① 明显地扩大了地址空间。IPv6 采用 128 位地址长度，几乎可以不受限制地提供 IP 地

址，从而确保了端到端连接的可能性。

② 提高了网络的整体吞吐量。由于 IPv6 的数据包可以远远超过 64k 字节，应用程序可以利用最大传输单元（MTU），获得更快、更可靠的数据传输，同时在设计上改进了选路结构，采用简化的报头定长结构和更合理的分段方法，使路由器加快数据包处理速度，提高了转发效率，从而提高网络的整体吞吐量。

③ 使得整个服务质量得到很大改善。报头中的业务级别和流标记通过路由器的配置可以实现优先级控制和 QoS 保障，从而极大改善了 IPv6 的服务质量。

④ 安全性有了更好的保证。采用 IPSec 可以为上层协议和应用提供有效的端到端安全保证，能提高在路由器水平上的安全性。

⑤ 支持即插即用和移动性。设备接入网络时通过自动配置可自动获取 IP 地址和必要的参数，实现即插即用，简化了网络管理，易于支持移动节点。而且 IPv6 不仅从 IPv4 中借鉴了许多概念和术语，它还定义了许多移动 IPv6 所需的新功能。

⑥ 更好地实现了多播功能。在 IPv6 的多播功能中增加了"范围"和"标志"，限定了路由范围和可以区分永久性与临时性地址，更有利于多播功能的实现。

国际互联网协会于 2012 年 6 月 6 日举办了世界 IPv6 启动日活动，以庆祝新一代 Internet 协议 IPv6 正式上线。当天，包括谷歌、AT&T、Facebook、思科等在内的互联网公司、电信运营商和通信设备商均宣布自身旗下产品和服务支持 IPv6。目前，IPv4 到 IPv6 的三种过渡技术：双栈、隧道和地址转换正日渐成熟，IPv6 的使用正在逐步成为现实。相信随着互联网的飞速发展和互联网用户对服务水平要求的不断提高，IPv6 在全球将会越来越受到重视并得到广泛的应用。

> 双栈技术是 IPv4 向 IPv6 过渡的一种有效的技术。网络中的节点同时支持 IPv4 和 IPv6 协议栈，源节点根据目的节点的不同选用不同的协议栈，而网络设备根据报文的协议类型选择不同的协议栈进行处理和转发。

任务二 安装与设置办公局域网中的软件

一个采用 C/S 模式的办公局域网，必然要配置服务器。目前主流的服务器操作系统是 Microsoft 公司在 2003 年推出的 Windows Server 2003。作为网络操作系统或服务器操作系统，高性能、高可靠性和高安全性是其必备要素，尤其是日趋复杂的企业应用和 Internet 应用，对其提出了更高的要求。Windows Server 2003 操作系统依据.Net 架构对 NT 技术做了重要发展和实质性改进，凝聚了 Microsoft 公司多年来的技术积累，并部分实现了.Net 战略，或者说构筑了.Net 战略中最基础的一环。

（一） 安装 Windows Server 2003 操作系统

Windows Server 2003 操作系统的安装一般有两种方式：全新安装和升级安装。全新安装将删除计算机上原来的操作系统，或者在没有安装操作系统的硬盘或分区上进行安装。Windows Server 2003 操作系统支持从光盘安装或从局域网络安装。升级安装则是指 Windows Server 2003 操作系统安装在现有的操作系统上，一般可在较短时间内完成，配置简单，原有的设置、用户、组、权限将被保留，而且原来安装过的许多应用软件也无需重新安装，硬盘上的用户数据也将被保存。但为了充分发挥 Windows Server 2003 操作系统的性能，建议全新安装该系统。下面就详细介绍其安装操作步骤。

【操作步骤】

1. 从光盘读取启动信息，很快出现如图 3-10 所示的欢迎界面。

2. 按 Enter 键确认安装，接下来出现软件的授权协议，必须按 F8 键同意其协议后才能继续进行。下面将搜索系统中已安装的操作系统，并询问用户将操作系统安装到系统的哪个分区中，如果是第 1 次安装系统，用键盘上的方向键选定需要安装的分区，如图 3-11 所示。

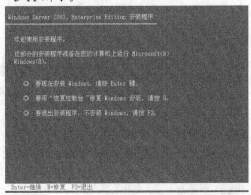
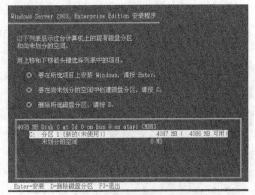

图 3-10　安装欢迎界面　　　　　　　　　图 3-11　选择安装系统的分区

3. 选择在 C 盘安装系统，出现如图 3-12 所示的界面。

4. 选择用 NTFS 文件系统格式化磁盘分区，按 Enter 键后出现格式化 C 盘的警告，确定要格式化 C 盘后，按 F 键开始对磁盘进行格式化。格式化成功后便会检测硬盘，然后系统将从光盘复制安装文件到硬盘上，如图 3-13 所示。

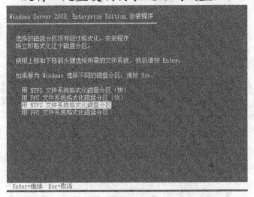
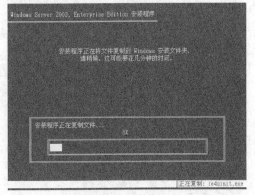

图 3-12　格式化系统分区　　　　　　　　图 3-13　复制安装文件

5. 这部分安装程序已经完成，重新启动计算机之后，控制权将从安装程序转移给系统。这时建议在系统重新启动时将硬盘设为第一启动盘（不改变也可以）。Windows Server 2003 操作系统的启动过程与 Windows XP 操作系统类似。稍后便进入了视窗界面，这时就正式进入了系统的安装过程。首先是安装设备，如图 3-14 所示。

6. 设备安装完成后会弹出【Windows 安装程序】对话框，提示设置区域和语言，如图 3-15 所示。一般来说，这里使用默认设置即可。

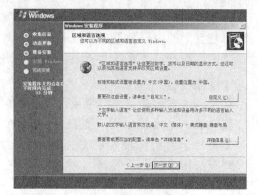

图 3-14　安装设备　　　　　　　　　　　图 3-15　设置区域和语言

7. 单击 下一步(N) 按钮，出现如图 3-16 所示的界面。输入姓名（用户名）和单位。

8. 单击 下一步(N) 按钮，出现如图 3-17 所示的界面。

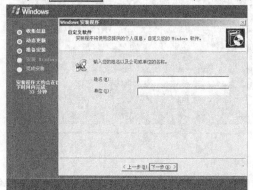

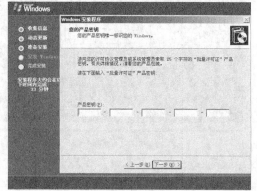

图 3-16　输入姓名、单位　　　　　　　　图 3-17　输入密钥

9. 在光盘包装上或说明书中找到产品密钥并输入，单击 下一步(N) 按钮，出现如图 3-18 所示的界面。

10. 如果系统是安装在服务器上就选择【每服务器，同时连接数】单选按钮，并更改其右侧框中的数值（10 人内免费）。单击 下一步(N) 按钮，出现如图 3-19 所示的界面。

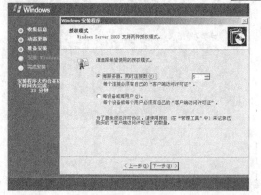

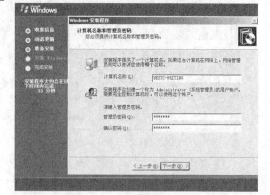

图 3-18　授权模式　　　　　　　　　　图 3-19　计算机名称和管理员密码

11. 安装程序会自动创建计算机名称，自己可任意更改，输入两次系统管理员密码，应记住这个密码。单击 下一步(N) 按钮，出现如图 3-20 所示的界面。安装程序接下来将会安装网络，这个过程中需要用户参与完成。

12. 一般选择【典型设置】单选按钮即可，若有需要，也可以选择【自定义设置】单选按钮，然后根据需要手动配置网络组件。单击 下一步(N) > 按钮，出现如图 3-21 所示的界面。

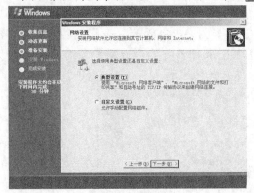
图 3-20　网络设置

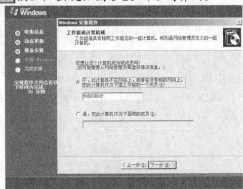
图 3-21　工作组或计算机域

13. 此处的工作组和域的设置既可在安装过程中确定，也可在安装完成后确定。在安装的过程中，建议选择第一项，待安装结束后再按需求进行具体设置。单击 下一步(N) > 按钮，系统将用 15～30 分钟的时间自动完成剩余部分的安装，包括安装【开始】菜单、注册组件、保存设置等。

14. 安装完毕后系统会第 2 次重新启动计算机，这时将会出现欢迎登录界面，如图 3-22 所示。

15. 按 Ctrl+Alt+Delete 组合键才能继续启动，在 Windows XP 操作系统中此功能默认是关闭的。出现登录界面如图 3-23 所示。

图 3-22　欢迎登录界面

图 3-23　登录界面

16. 输入密码后按 Enter 键，继续启动进入桌面。第 1 次启动后自动打开【管理您的服务器】窗口，如图 3-24 所示。

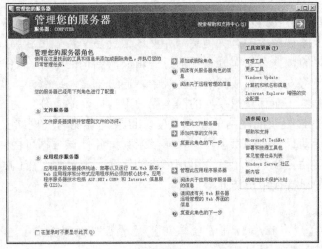
图 3-24　【管理您的服务器】窗口

17. 单击【管理您的服务器角色】窗口右侧的【添加或删除角色】选项，首先进行预备步骤，在此要确认安装所有的调制解调器和网卡，连接好需要的电缆，如果要让这台服务器连接互联网，要先连接到互联网上，打开所有的外围设备，如打印机、外部的驱动器等，然后单击 下一步(N) > 按钮进行详细配置，如图 3-25 所示。如果不希望每次启动都出现这个窗口，可选择该窗口左下角的【在登录时不要显示此页】复选框，然后关闭该窗口，即可看到 Windows Server 2003 操作系统的桌面。

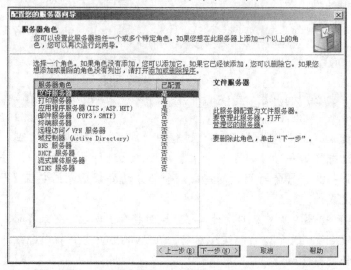

图 3-25　配置服务器向导

至此，Windows Server 2003 操作系统安装完毕，可以取出安装光盘。

Windows Server 2003 操作系统使用 NTFS 文件系统。该文件系统在原有的安全特性（如域和用户账户数据库）之上又加入了新的特性，如活动目录（Active Directory）、域、文件加密、分布式文件、其他的数据存储模式、磁盘活动的恢复日志、磁盘配额和对于大容量驱动器的良好扩展性。

（二）　安装活动目录

活动目录（Active Directory，AD）用于 Windows 2000/Server 2003 操作系统的目录服务。它存储着网络上各种对象的有关信息，并使该信息易于管理员和用户查找及使用。活动目录服务使用结构化的数据存储作为目录信息逻辑层次结构的基础。通过登录验证以及目录中对象的访问控制，将安全性集成到活动目录中。通过一次网络登录，管理员可管理整个网络中的目录数据和单位，而且获得授权的网络用户可访问网络上任何地方的资源。基于策略的管理减轻了即使是最复杂的网络的管理难度。目录是存储有关网络上对象信息的层次结构。目录服务（如活动目录）提供了用于存储目录数据并使该数据可由网络用户和管理员使用的方法。例如，活动目录存储了有关用户账户的信息，如名称、密码、电话号码等，并允许相同网络上的其他已授权用户访问该信息。

【操作步骤】

1. 选择【开始】/【所有程序】/【管理工具】/【管理您的服务器】命令，打开如图 3-26 所示的【管理您的服务器】窗口。

图 3-26　【管理您的服务器】窗口

2.　选择【添加或删除角色】选项，出现如图 3-27 所示的【配置您的服务器向导】对话框。

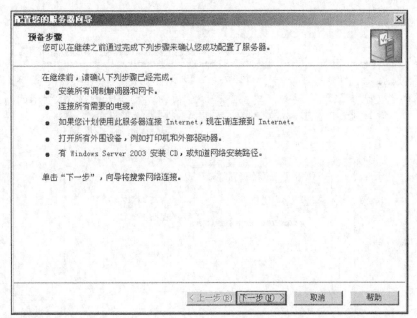

图 3-27　预备步骤

3.　单击 ┌下一步(N)┐ 按钮，出现如图 3-28 所示的对话框。

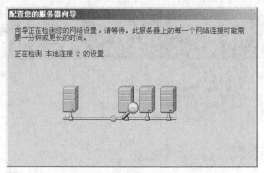

图 3-28 配置服务器向导

4. 稍等一会儿，出现如图 3-29 所示的对话框。

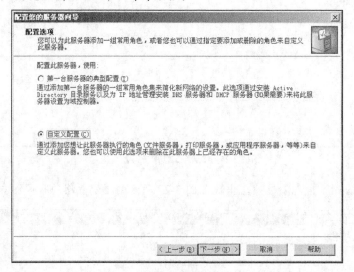

图 3-29 配置选项

5. 选择【自定义配置】单选按钮，单击 下一步(N) 按钮，出现如图 3-30 所示的对话框。

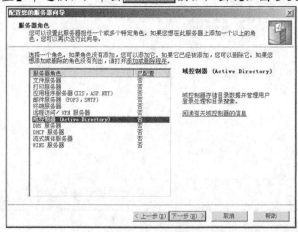

图 3-30 服务器角色

6. 选择【域控制器（Active Directory）】选项，单击 下一步(N) 按钮，出现如图 3-31 所示的对话框。

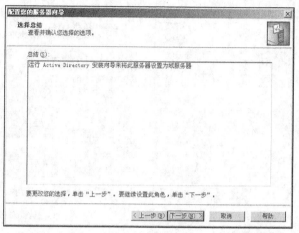

图 3-31 选择总结

7. 单击 下一步(N) 按钮，出现【Active Directory 安装向导】对话框，如图 3-32 所示。
8. 单击 下一步(N) 按钮，出现如图 3-33 所示的对话框。

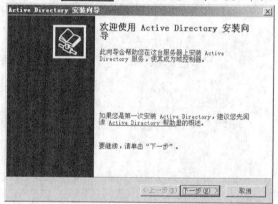

图 3-32 【Active Directory 安装向导】对话框 图 3-33 操作系统兼容性

9. 单击 下一步(N) 按钮，出现如图 3-34 所示的对话框。
10. 选择【新域的域控制器】单选按钮，单击 下一步(N) 按钮，出现如图 3-35 所示的对话框。

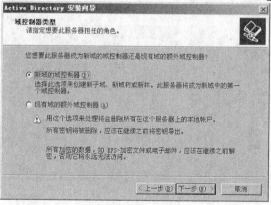
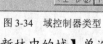
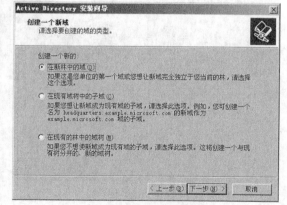

图 3-34 域控制器类型 图 3-35 创建一个新域

11. 选择【在新林中的域】单选按钮，单击 下一步(N) 按钮，出现如图 3-36 所示的对话框。
12. 输入新域的 DNS 全名，单击 下一步(N) 按钮，出现如图 3-37 所示的对话框。

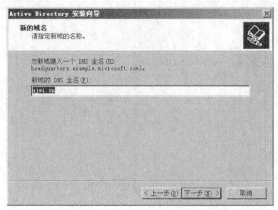

图 3-36 指定新域名

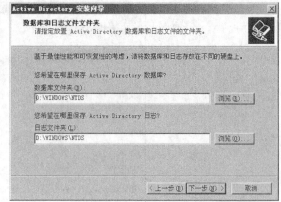

图 3-37 数据库和日志文件文件夹

13. 使用默认值，单击 下一步(N) > 按钮，出现如图 3-38 所示的对话框。

14. 使用默认值，单击 下一步(N) > 按钮，出现如图 3-39 所示的对话框。

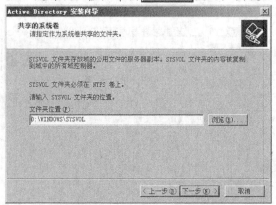

图 3-38 共享的系统卷

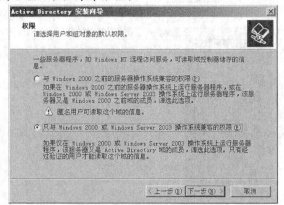

图 3-39 设置权限

15. 根据需要选择权限，单击 下一步(N) > 按钮，出现如图 3-40 所示的对话框。

16. 输入密码，单击 下一步(N) > 按钮，出现如图 3-41 所示的对话框。

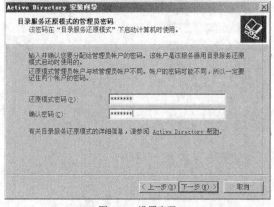

图 3-40 设置密码

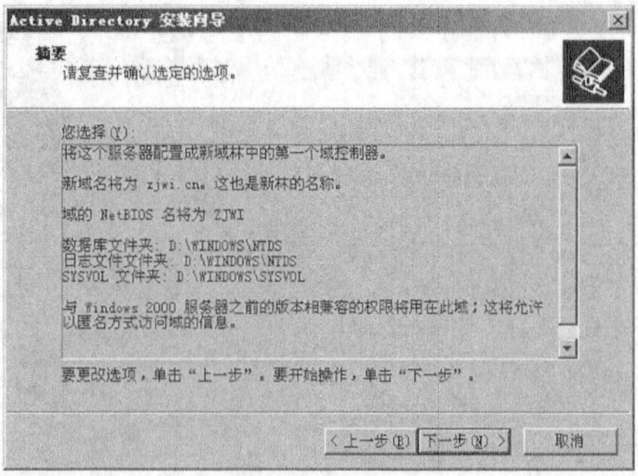

图 3-41 摘要

17. 单击 下一步(N) > 按钮，出现如图 3-42 所示的对话框。

18. 稍等一会儿，出现如图 3-43 所示的对话框。域控制器到这里就全部安装完毕了。

图 3-42 安装向导等待

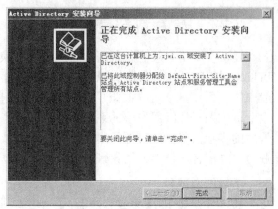

图 3-43 完成安装向导

【知识链接】

　　一台安装了 Windows 操作系统的计算机，要么隶属于工作组，要么隶属于域。工作组是 Microsoft 公司提出的概念，一般用于对等网。工作组通常是一个由不多于 10 台计算机组成的逻辑集合，如果要管理更多的计算机，Microsoft 公司推荐使用域的模式进行集中管理，这样的管理更有效。用户可以使用域、活动目录、组策略等各种功能使网络管理的工作量达到最小。当然，这里的 10 台只是一个参考值，也可以是 11 台甚至 20 台，如果不想进行集中的管理，那么仍然可以使用工作组模式。

　　工作组的特点就是实现简单，不需要域控制器（Domain Controller，DC），每台计算机自己管理自己，适用于距离很近的有限数目的计算机。工作组名并没有太多的实际意义，只是在【网上邻居】的列表中实现一个分组而已；再就是对于"计算机浏览服务"，每一个工作组中，会自动推选出一个主浏览器，负责维护本工作组所有计算机的 NetBIOS 名称列表。用户可以使用默认的"workgroup"，也可以任意起名，同一工作组或不同工作组在访问时也没有什么分别。

　　域（Domain）是一个共用"目录服务数据库"的计算机和用户的集合，实现起来要复杂一些，至少需要一台计算机安装 Windows NT/2000/Server 2003 版本的操作系统，使其充当域控制器来实现集中式的管理。若考虑到容错的话，则至少需要两台。域是逻辑分组，与网络的物理拓扑无关，可以很小，例如只有一台域控制器；也可以很大，包括遍布世界各地的计算机，例如大型跨国公司网络上的域（实际上它们多采用多域结构，还可以利用活动目录站点来优化活动目录复制）。从 Windows 2000 操作系统开始，Microsoft 公司引入了活动目录，域控制器通过活动目录来提供目录的服务，例如它负责维护活动目录数据库，审核用户的账户和密码是否正确，将活动目录数据库复制到其他的域控制器等。正是由于所有域成员计算机和域用户都共用这个域的"目录服务数据库"，域管理员就可以基于域的"目录服务数据库"来进行集中管理、共享资源，如用户、组、计算机账号、权限设置、组策略设置等。目录服务为管理员提供从网络上任何一个计算机上查看和管理用户和网络资源的能力。目录服务也为用户提供唯一的用户名和密码，用户只需一次登录，即可访问本域或有信任关系的其他域上的所有资源（当然用户需有权限才行），而不需要多次提供用户名和密码登录。

　　请读者自己练习活动目录的安装和删除。

（三）　客户机登录服务器

要从客户机登录到服务器，首先需要在服务器上创建用户账号。创建用户账号的时候，可以设置不同的用户权限，以确定该用户对服务器上的文件、打印机等资源的操作权限。一般来说，系统默认的 Guest 用户只有读的权限；普通用户有读和复制的权限，没有写的权限；被称为"超级用户"的系统管理员则拥有一切权限。在实际使用过程中，可以根据网络管理的实际情况，针对不同用户分配合理的权限。下面就具体介绍如何在服务器上建立用户账号，并在客户机上使用该账号登录到服务器的方法。

【操作步骤】

1. 选择【开始】/【所有程序】/【管理工具】/【管理您的服务器】命令，打开如图 3-44 所示【Active Directory 用户和计算机】窗口。

2. 用鼠标右键单击左边窗口中的域名 ctxy.mtn，在弹出的快捷菜单中选择【新建】/【用户】命令，出现如图 3-45 所示的【新建对象－用户】对话框。

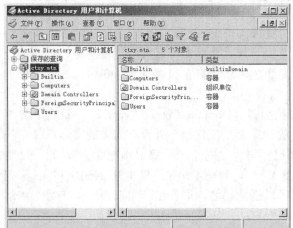

图 3-44　【Active Directory 用户和计算机】窗口

图 3-45　【新建对象－用户】对话框

3. 在对话框内填写用户基本信息，然后单击 下一步(N) 按钮，出现如图 3-46 所示的对话框。

4. 输入密码并确认密码，选择【密码永不过期】复选框。单击 下一步(N) 按钮，出现如图 3-47 所示的对话框。

图 3-46　输入密码

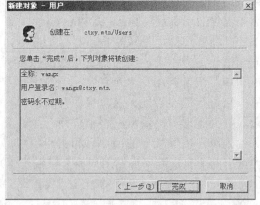

图 3-47　显示信息

5. 单击 完成 按钮，可在如图 3-48 所示的窗口中看到新建立的用户账号 "wangx"。

6. 要修改用户属性，可在用户名上单击鼠标右键，在弹出的快捷菜单中选择【属性】命令，出现如图 3-49 所示的【wangx 属性】对话框。

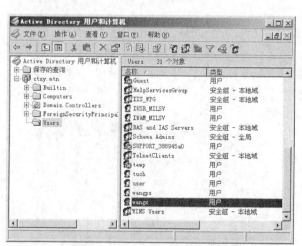

图 3-48　新用户账号

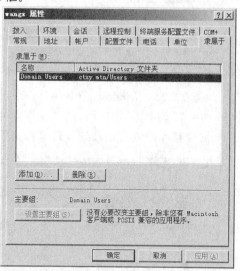

图 3-49　【wangx 属性】对话框

7. 切换到【隶属于】选项卡，可以看到新建账号目前属于 Domain Users 用户组，单击 添加(D)... 按钮，打开如图 3-50 所示的【选择组】对话框。

8. 单击 高级(A)... 按钮，打开如图 3-51 所示的对话框。

9. 单击 立即查找(N) 按钮，出现如图 3-52 所示的对话框。

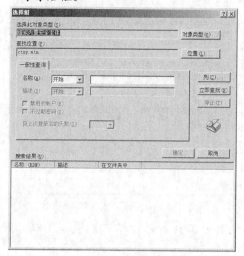

图 3-51　选择组

图 3-50　【选择组】对话框

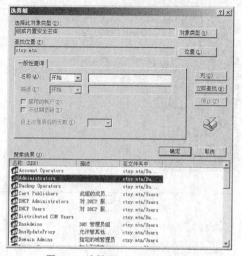

图 3-52　选择 "Administrators" 组

10. 在搜索结果中选择 Administrators 选项，单击 [确定] 按钮，出现如图 3-53 所示的对话框。

11. 单击 [确定] 按钮，出现如图 3-54 所示的【wangx 属性】对话框。可以看到新建账户已经属于 "Administrator" 组，从而具有了 "超级用户" 的权限。单击 [确定] 按钮完成用户 wangx 的属性修改。

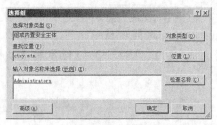

图 3-53　添加 "Administrators" 组

12. 下面在安装 Windows XP 操作系统的客户机上进行配置。用鼠标右键单击桌面上的【我的电脑】图标，在弹出的快捷菜单中选择【属性】命令，打开如图 3-55 所示的【系统属性】对话框，切换到【计算机名】选项卡。

图 3-54　添加权限结果

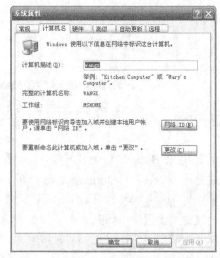

图 3-55　【系统属性】对话框

13. 单击 [网络 ID(N)] 按钮，打开如图 3-56 所示的【网络标识向导】对话框。

14. 单击 [下一步(N) >] 按钮，打开如图 3-57 所示的对话框。

图 3-56　【网络标识向导】对话框

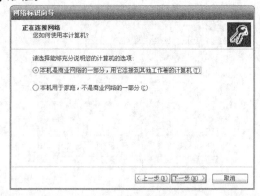

图 3-57　正在连接网络

15. 选择【本机是商业网络的一部分，用它连接到其他工作着的计算机】单选按钮。单击 [下一步(N) >] 按钮，打开如图 3-58 所示的对话框。

16. 选择【公司使用带有域的网络】单选按钮，单击 [下一步(N) >] 按钮，打开如图 3-59 所示的对话框。

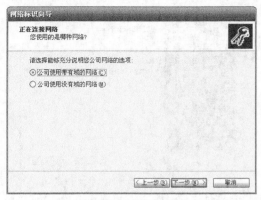

图 3-58　使用哪种网络

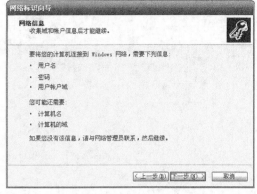

图 3-59　网络信息

17. 单击 下一步(N) 按钮，打开如图 3-60 所示的对话框。

18. 输入用户名、密码以及域名，单击 下一步(N) 按钮，打开如图 3-61 所示的对话框。

图 3-60　用户账户和域信息　　　　　　　　　　图 3-61　计算机域

19. 输入计算机名和计算机域名，单击 下一步(N) 按钮，打开如图 3-62 所示的【域用户名和密码】对话框。

20. 输入域管理员账户名称、密码以及域名，单击 确定 按钮，打开如图 3-63 所示的对话框。

图 3-62　【域用户名和密码】对话框

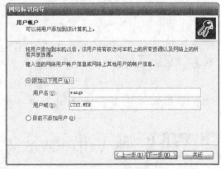

图 3-63　用户账户

21. 在【用户名】文本框输入系统管理员在服务器上为该用户创建的登录名，【用户域】为服务器域控制器的域名。单击 下一步(N) 按钮，打开如图 3-64 所示的对话框。

22. 单击 下一步(N) 按钮，打开如图 3-65 所示的对话框。

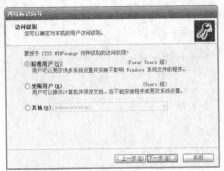

图 3-64　访问级别

图 3-65　完成网络标识向导

23. 单击 按钮，打开如图 3-66 所示的【计算机名更改】对话框。

24. 单击 ［确定］ 按钮，返回【系统属性】对话框，注意到计算机名称变成了 "WANGX.ctxy.mtn"，而域变成了 "ctxy.mtn"，如图 3-67 所示。

图 3-66　【计算机名更改】对话框

25. 单击 ［确定］ 按钮，出现如图 3-68 所示的【系统设置改变】对话框，单击 ［是(Y)］ 按钮，重新启动计算机。

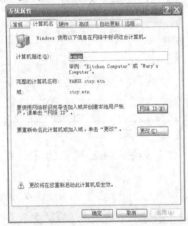

图 3-67　【系统属性】对话框

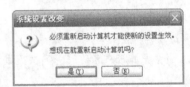

图 3-68　系统设置改变

26. 当计算机重新启动之后，按 Ctrl + Alt + Delete 组合键打开【登录到 Windows】对话框，单击 选项(O) >> 按钮，从【登录到】的下拉列表中选择登录到域还是本机。如果登录到本机，则在【用户名】文本框中输入本机用户名和密码；如果登录到域，则在文本框中输入在服务器上创建的用户登录名和密码。

项目实训　从 Windows 7 客户机登录到服务器

通过以上任务的介绍，读者已经基本掌握了服务器操作系统的安装以及客户机登录服务器的基本设置。下面通过实训来巩固和提高所学到的知识。

【实训目的】

通过在客户机上安装 Windows 7 操作系统并使其登录到服务器，从实践中掌握 Windows 7 操作系统的安装以及登录服务器设置中的一系列知识点。

【实训要求】

使安装了 Windows 7 操作系统的计算机登录到安装有 Windows Server 2003 操作系统的服务器。

【操作步骤】

1. 准备两台计算机，分别安装好 Windows 7 和 Windows Server 2003 操作系统。
2. 将两台计算机连网。
3. 在服务器上配置域控制器，并创建新账户。
4. 在客户机上用该账户登录到服务器。

项目拓展 解决常见问题

(1) 不同操作系统的计算机进行文件共享时提示没有权限

局域网内不同操作系统的计算机进行文件共享时，在【网上邻居】中已看到共享的驱动器，访问时却提示没有权限，怎么办？

在 Vista 与 Windows 7 中，除了要共享而且还要分配相应权限外，同时受制于文件系统的 NTFS 权限。所以还必须在驱动器的【安全】选项卡中添加相应的 NTFS 权限，而Windows 7/Vista 下格式化的驱动器及以下的目录默认是没有"Everyone"和"Guest"权限的。但由于通过向导形式共享时会自动匹配和更新 NTFS 的权限，所以一般共享文件夹不会有问题。

Windows 7/Vista 下格式化的驱动器默认的权限有：Authenticated Users（XP 无此项）；System Administrators（管理员组）；Users（受限用户组）。而 XP 默认的权限是：Administrators（管理员组）；CreatorOwner（建立文件夹的所有者，Vista 无此项）；Everyone（XP 下驱动器默认就有只读的权限）。

另外最主要的不同就是 CreatorOwner（所有者）了。在 XP 下建立的文件夹所有者是建立该文件夹的具体用户，所以配置过权限的文件夹在采用 NTFS 文件系统重装操作系统后，往往会出现以 SID 形式显示的未知账户。而 Windows 7/Vista 默认的所有者是该组，比如管理员建立的文件夹所有者就是 Administrators 组。所以 Windows 7/Vista 下建立的文件夹没有 CreatorOwner 的相应权限。

解决方法是：在建立的共享文件夹或系统 NTFS 格式的硬盘上单击鼠标右键，在弹出的快捷菜单中依次选择【属性】/【安全】命令，在【组或用户名】栏下方单击 编辑(E)... 按钮，在弹出窗口中的【组或用户名】栏下方单击 添加(D)... 按钮，在弹出窗口中的【输入对象名称来选择】文本框中输入"Everyone"，然后单击 确定 按钮。XP 的机器就能访问你在Windows 7/Vista 中所建立的共享驱动器和文件夹了。

(2) 防火墙对局域网内计算机的互访有何影响

防火墙是防范外部网络攻击的一个安全系统，Windows XP 操作系统为用户提供了内置的 Internet 连接防火墙。启用该防火墙后，可以限制某些不安全信息从外部进入内部网络。如果用户在本地连接上启用了这个防火墙，就会造成工作组之间无法互访，此时可以通过停用防火墙屏蔽来解决这个问题，具体方法如下。

① 用鼠标右键单击桌面上的【网上邻居】图标，在弹出的快捷菜单中选择【属性】命

令，打开【网络连接】对话框。

② 用鼠标右键单击【本地连接】选项，在弹出的菜单中选择【属性】命令，打开【本地连接 属性】对话框。

③ 选择【高级】选项卡，取消对【通过限制或阻止来自 Internet 的对此计算机的访问来保护我的计算机和网络】复选框的选择即可。

 项目小结

本项目主要完成了 C/S 结构办公局域网的规划及软件配置，分为两个任务：一个是办公局域网规划，另一个是服务器及客户机软件配置。完成这两个任务即搭建好了基本的 C/S 架构办公局域网。希望读者通过这两个任务的学习，增强实际动手能力，能够组建一个办公局域网。

思考与练习

一、填空题

1. Windows Server 2003 操作系统支持的文件系统有：_____、_____、_____。

2. 局域网边界通常使用的网络设备叫做_____。

3. IP 地址的结构为"_____＋_____"。

二、选择题

1. C/S 局域网的网络结构一般是（   ）。

    A. 星型　　　　　　B. 对等式　　　　　　C. 总线型　　　　　　D. 主从式

2. Windows Server 2003 操作系统可以在（   ）操作系统上升级安装。

    A. Windows 98　　　B.Windows 2000　　　C. Windows XP　　　D. DOS

三、简答题

1. 什么是活动目录？

2. 工作组和域有什么区别？

3. 与 IPv4 相比，IPv6 的主要优势是什么？

四、操作题

1. 分别对交换机进行堆叠和级联。

2. 安装 Windows Server 2003 操作系统。

3. 在 Windows Server 2003 操作系统上安装活动目录，并添加一个新账户。

项目四

组建无线局域网

无线局域网（Wireless Local Area Network，WLAN）可以提供传统局域网技术（如以太网和令牌网）的所有功能，同时不会受到线缆的限制。无线局域网使人们重新定义了局域网的概念。连通性不再仅仅意味着连接，局域的概念也不再以"米"来度量，而可能是以千米来度量。系统的基础结构不再需要埋在地下或墙里，它可以是移动的，也可以随着网络规模的增长发生变化。无线局域网产业是当前整个数据通信领域发展最快的产业之一，它的解决方案作为传统有线局域网络的补充和扩展，因其具有灵活性、可移动性及较低的投资成本等优势，获得了家庭网络用户、中小型办公室用户、广大企业用户及电信运营商的青睐，得到了快速的应用。

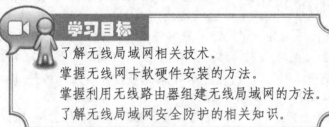

学习目标

了解无线局域网相关技术。

掌握无线网卡软硬件安装的方法。

掌握利用无线路由器组建无线局域网的方法。

了解无线局域网安全防护的相关知识。

任务一　无线局域网相关技术

和有线局域网相比，无线局域网具有以下优点。

① 安装方便，不需布线，不需改变室内的原有布局，只需一套无线产品即可组建网络。

② 比有线局域网灵活性要高，随时随地都可上网。

③ 管理容易，通过软件的简单设置即可实现隔离、拒绝用户等功能。

④ 拆装方便，不至于移位后重装布线，增加成本。

⑤ 重建快速，扩展简单，只需多加无线网卡即能满足要求，对于中小企业、SOHO 型用户来说是不错的选择。

无线局域网也有它的缺点：阻碍无线局域网成为真正的企业级产品的主要障碍是其稳定性难以保证；其次，由于无线局域网的传输距离有限，而所有的计算机之间又都必须在其有效传输距离内，因此在过长的距离下无线局域网的覆盖是有限的。以上两点是目前制约无线局域网发展的重要因素，但是对于一般家庭用户来说，目前绝大多数无线产品已经能够满足需求了。

说明　现在的无线上网产品和其他一些消费产品用的是一样频率的无线电波（2.4 GHz），所以它们之间的干扰是不可避免的。如果家中安装了无线局域网，则应尽量远离其他频段在 2.4 GHz 的设备，例如家里的数字无绳电话和"信号杀手"微波炉等，以尽量避免干扰。

（一） 无线局域网规划

　　组建无线局域网可分为组建家庭无线局域网和组建企业无线局域网。企业级无线局域网近年来发展极为迅速，许多企业都在争相进行 WLAN 的建设。WLAN 作为有线接入方式以及低速无线接入方式的良好补充，越来越受到国际和国内通信行业的重视。WLAN 的规划和部署涉及用户需求分析、无线基站的测量、射频损耗的计算、系统抗干扰、用户接入控制等关键技术。由于企业级无线局域网规划较为复杂，在这里仍然着重介绍家庭无线局域网的组建，这也是目前每个网络用户都可能会接触到的无线局域网应用。

【操作步骤】

1. 现在不少家庭都拥有两台以上的计算机，一般其中一台是笔记本电脑。台式机主要用于处理繁重的工作及娱乐，而笔记本电脑主要用于工作。但笔记本电脑带回家之后插上网线就成为了"台式机"，无法移动使用。为了摆脱这一困扰，移动网络便是第一选择对象，有了移动网络就可以在家里或任何地方上网办公、收发 E-mail 等。家用网络对带宽需求不是很高，802.11b 协议或 HomeRF 协议（HomeRF 无线标准是由 HomeRF 工作组开发的，旨在家庭范围内，使计算机与其他电子设备之间实现无线通信的开放性工业标准）都能满足需求。如果只有两台计算机，需要高带宽的网络连接模式，可以选购两块 802.11b 协议的无线网卡直接相互连接，不需要桥接器（Access Point，AP）进行中转，大大减少了成本，同时还具有加密功能，可防止他人盗用无线网络，其缺陷在于缺少桥接器后连接距离不够长，而且很难实现多终端互连。若有 3 台或者更多的计算机，可选择 HomeRF 协议的无线网卡，它可以支持更长的传输距离，而且也不需要桥接器，成本比 802.11b 网络更低，其缺陷在于无网络加密，网络容易被盗用，而且传输速率也比较低。图 4-1 所示为家庭无线局域网的拓扑图。

2. 现在的笔记本电脑一般都配有无线网卡，如果没有配置，可以购置无线笔记本网卡进行安装。图 4-2 所示为一块 TP-LINK 54Mbit/s 无线网卡。

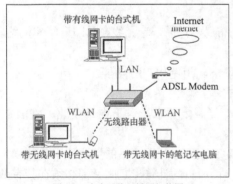

图 4-1　家庭无线局域网拓扑图　　　　　　　　图 4-2　TP-LINK 无线笔记本网卡

3. 目前家庭无线上网的接入设备通常使用无线宽带路由器，既有有线接入接口，也有无线接入装置，如果家中布过线，台式机通常不必安装无线网卡即可有线接入网络。但如果家中未曾布线，台式机则需要安装无线网卡后才能无线接入网络。图 4-3 所示为一块 TP-LINK 台式机用 PCI 接口无线网卡。

4. 无线路由器和无线桥接器的区别就是路由器和集线器的区别，桥接器可以看作是无线的集线器，它只有交换功能，没有 NAT 和路由功能，目前在家庭无线局域网中基本已被宽带路由器所取代。图 4-4 所示为一台 D-Link 桥接器。

图 4-3　TP-LINK 台式机无线网卡

图 4-4　D-Link 桥接器

AP（Access Point）有三种类型：无线接入点、无线网桥、无线路由器。其中无线接入点相当于一个无线 HUB，或说是无线接收器。无线网桥的功能要稍强些，除了有无线接入点的功能外，它还具有无线桥接和无线中继的功能。而无线路由器就相当于是无线接入点和一个路由器的一体化产品。

（二）　无线局域网标准

无线接入技术区别于有线接入技术的特点之一是标准不统一，不同的标准有不同的应用。因此，无线接入技术出现了百家争鸣的局面。在众多的无线接入标准中，无线局域网标准是人们关注的焦点。下面列举几种最热门的无线局域网标准。

🔑 802.11 家族谱

- 802.11：IEEE 最初制订的一个无线局域网标准，主要用于解决办公局域网和校园网中用户与用户终端的无线接入问题。业务主要限于数据存取，速率最高只能达到 2Mbit/s。目前，3Com 等公司都有基于该标准的无线网卡。由于 802.11 协议在速率和传输距离上都不能满足人们的需要，IEEE 小组又相继推出了 802.11b 和 802.11a 两个新标准。三者之间技术上的主要差别在于 MAC 子层和物理层。

- 802.11b：采用 2.4GHz 直接序列扩频，最大数据传输速率为 11Mbit/s，无需直线传播。动态速率转换中当射频情况变差时，可将数据传输速率降低为 5.5Mbit/s、2Mbit/s 和 1Mbit/s。其支持的范围在室外为 300m，在办公环境中最远为 100m。802.11b 协议使用与以太网类似的连接协议和数据包确认，来提供可靠的数据传输和网络带宽的有效使用。

- 802.11a：802.11b 的后续协议，已在办公室、家庭、宾馆、机场等众多场合得到广泛应用。它工作在 5GHz U-NII 频带，物理层速率可达 54Mbit/s，传输层速率可达 25Mbit/s，可提供 25Mbit/s 的无线 ATM 接口和 10Mbit/s 的以太网无线帧结构接口，以及 TDD/TDMA 的空中接口；支持语音、数据、图像业务。

- 802.11g：一种混合标准，它既能适应传统的 802.11b 协议，在 2.4GHz 频率下提供 11Mbit/s 的数据传输率，也符合 802.11a 协议在 5GHz 频率下提供 56Mbit/s 的数据传输速率。

蓝牙技术

蓝牙（IEEE 802.15）是一项新标准。对于 802.11 协议来说，它的出现不是为了竞争而是相互补充。蓝牙比 802.11 协议更具移动性。例如，802.11 协议的应用范围限制在办公室和校园内，蓝牙则能把一个设备连接到广域网和局域网，甚至支持全球漫游。此外，蓝牙成本低、体积小，可用于更多的设备。但是蓝牙主要是点对点的短距离无线发送技术，而且蓝牙被设计成低功耗、短距离、低带宽的应用标准，严格来讲，不算是真正的局域网技术。

家庭网络的 HomeRF 协议

HomeRF 协议主要为家庭网络设计，是 IEEE 802.11 协议与 DECT（数字增强型无绳电话标准）的结合，旨在降低语音数据成本。HomeRF 协议也采用了扩频技术，工作在 2.4GHz 频带，能同步支持 4 条高质量语音信道。但目前 HomeRF 协议的数据传输速率只有 1Mbit/s～2Mbit/s，FCC（美国联邦通信委员会）建议增加到 10Mbit/s。

通过以上比较分析可以看出，各种标准都是根据不同的使用场合、不同的用户需求而制订的。有的是为了增加带宽和传输距离，有的则是考虑移动性和经济性，局部最优不等于全局最优。因此，用户应视实际需求选择适合自己的标准。

【知识链接】

无线局域网的主要拓扑结构只有两类：无中心拓扑（对等式拓扑，Ad-Hoc）和有中心拓扑（Infrastructure）。无中心拓扑的网络要求网中任意两点均可直接通信。在有中心拓扑结构中，则要求一个无线站点（桥接器或无线路由器）充当中心站，所有站点对网络的访问均由中心站控制。

Ad-Hoc 结构是一种省去了无线桥接器而搭建起的对等网络结构，只要是安装了无线网卡的计算机，彼此之间即可实现无线互连；其原理是网络中的一台计算机主机建立点对点连接相当于虚拟桥接器，而其他计算机就可以直接通过这个点对点连接进行网络互连与共享。由于省去了无线桥接器，Ad-Hoc 无线局域网的网络架设过程十分简单，不过一般的无线网卡在室内环境下传输距离通常为 40m 左右，当超过此有效传输距离，就不能实现彼此之间的通信，因此该种模式非常适合一些简单甚至是临时性的无线互连需求。如果让该方案中所有的计算机之间共享连接的带宽，例如有 4 台机器同时共享宽带，则每台机器的可利用带宽只有标准带宽的 1/3。

Infrastructure 是一种整合有线与无线局域网架构的应用模式，与 Ad-Hoc 结构不同的是配备无线网卡的计算机必须通过桥接器来进行无线通信，设置后，无线网络设备由桥接器来进行沟通。通过这种架构模式，即可实现网络资源的共享。Infrastructure 模式其实还可以分为"无线桥接器+无线网卡"和"无线路由器+无线网卡"两种模式。在"无线桥接器+无线网卡"模式中，当网络存在一个桥接器时，无线网卡的覆盖范围将变为原来的两倍，并且还可以增加无线局域网所容纳的网络设备。无线桥接器的加入，丰富了组网的方式。但是无线桥接器的作用类似于有线网络中的集线器，只有单纯的无线覆盖功能。"无线路由器+无线网卡"模式是现在很多家庭都在采用的无线组网模式，在这种模式中，无线路由器就相当于一个无线桥接器加路由器的功能。无线网络可以是一种有线+无线的宽带混合网络。虽然无线网络很自由，但有时候还是会出现信号不太好的情况，此时，这种模式下的有线网络优势就体现出来了。

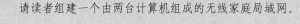请读者组建一个由两台计算机组成的无线家庭局域网。

任务二 安装与设置无线网卡

无线上网方式按照途径不同可分为无线局域网与无线广域网。前者可以是基于蓝牙、802.11a/b/g 协议等无线网络技术在整个办公室（或家庭）组成一个无线局域网，然后通过宽带运营商接入广域网。后者主要基于 GPRS、CDMA 等手机运营商的无线网络覆盖，实现随时随地无线上网。虽然现在的无线网卡种类很庞杂，但按照设备接口的差异可分为：PCMCIA 无线网卡、PCI 无线网卡和 USB 无线网卡。PCMCIA 无线网卡仅适用于笔记本电脑，支持热插拔，可以非常方便地实现移动式无线接入；PCI 无线网卡适用于普通的台式计算机使用（其实 PCI 接口的无线网卡只是在 PCI 转接卡上插入一块普通的 PC 卡）；USB 无线网卡适用于笔记本电脑和台式机，支持热插拔。不过，由于 USB 网卡对笔记本电脑的便携性而言是个累赘，因此它主要被用于台式机。

（一） 无线网卡的硬件安装

3 种接口的无线网卡的安装过程各不相同，但都比较简单，下面来进行简要介绍。

【操作步骤】

1. 安装好 PCMPCI 无线网卡的笔记本电脑如图 4-5 所示。只需要将有金手指的一端插入笔记本电脑的 PCMPCI 插槽中即可。

2. 将 PCI 无线网卡安装到台式机上，如图 4-6 所示。从外观上看，PCI 无线网卡与 PCI 有线网卡相比只是多了一根天线而已，所以安装过程与项目一中的 D-Link 10/100M 自适应 PCI 独立网卡安装过程完全一样。

图 4-5　PCMPCI 网卡安装

3. USB 无线网卡如图 4-7 所示。可以看出它的外形和 U 盘基本一致，使用方法也和 U 盘一样，插入计算机的 USB 接口即可。

图 4-6　PCI 无线网卡安装

图 4-7　USB 无线网卡

说明　不管是台式机用户还是笔记本电脑用户，只要安装了驱动程序，都可以使用 USB 接口的无线网卡。在选择时要注意的是，只有采用 USB 2.0 接口的无线网卡才能满足 802.11g 协议或 802.11g+协议的需求。

（二） 安装无线网卡的驱动程序

无线网卡驱动程序的安装过程与普通网卡基本相同。下面介绍在 Windows XP 环境下无线网卡驱动程序的安装过程。

【操作步骤】

1. 将一块 PCI 接口无线网卡安装到计算机之后，重新启动计算机，出现如图 4-8 所示的【找到新的硬件向导】对话框。
2. 选择【自动安装软件】单选按钮，并将驱动程序光盘放入光驱，以便于系统自动搜索。单击 下一步(N) > 按钮，出现如图 4-9 所示的对话框。

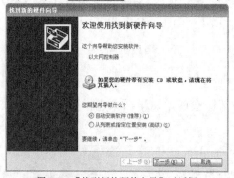

图 4-8 【找到新的硬件向导】对话框

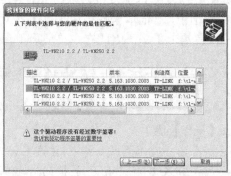

图 4-9 选择最佳匹配

3. 保持默认选项不变，单击 下一步(N) > 按钮，出现如图 4-10 所示的对话框。
4. 稍等一会儿，驱动文件复制完毕，出现如图 4-11 所示的对话框。

图 4-10 安装软件状态

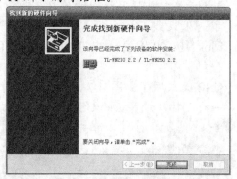

图 4-11 完成找到新硬件向导

5. 单击 完成 按钮，无线网卡安装完毕。用鼠标右键单击桌面上的【我的电脑】图标，在弹出的快捷菜单中选择【管理】命令，打开如图 4-12 所示的【计算机管理】窗口。在右侧窗口中打开【网络适配器】选项，可以看到无线网卡 "TL-WN210.2.2/TL-WN250.2.2" 已经安装成功。

图 4-12 【计算机管理】窗口

【知识链接】

需要注意的是，无线网卡与无线上网卡是两个不同的概念，有些商家为了推销产品含糊其辞、夸大宣传，说安装了无线网卡的计算机就可以任意无线上网，其实是误导消费者。无线网卡的作用、功能跟计算机的普通网卡一样，用于连接局域网，它只是一个信号收发的设备。而无线上网卡指的是无线广域网卡，连接到无线广域网，如中国移动的 TD-SCDMA、中国电信的 CDMA2000、CDMA 1X 以及中国联通的 WCDMA 网络等。无线上网卡的作用、功能相当于有线的调制解调器，也就是俗称的"猫"。它就好比无线化了的调制解调器（MODEM）。其常见的接口类型也有 PCMCIA、USB、CF/SD、E、T 等。它可以在拥有无线电话信号覆盖的任何地方，利用 USIM 或 SIM 卡来连接到互联网上。所以说，无线网卡和无线上网卡虽然都能实现无线功能，但实现的方式和途径是完全不同的。

当计算机仅仅是安装好了无线网卡，或者买了一台内置无线网卡的"迅驰"笔记本电脑，是不能马上接入互联网的，必须找到上互联网的出口，否则无线网卡只能让计算机在局域网内相互连通。中国各电信运营商早已在进行铺设互联网出口的工作，就是行业内讲的建设无线的"HOTSPOT"（热点）。当这些无线热点建设好后，"迅驰"或无线网卡才能实现无线上网，不过也必须在这些热点规定的范围内。当然，那时也可以先建设好本单位的无线局域网，然后通过无线桥接器来连接到服务器或其他互联网出口上，从而实现无线上网。

那么，目前如何才能实现任意无线上网呢？可以先安装一个无线上网卡。由于无线上网卡是跟着移动电话走的，只要有无线电话信号覆盖，就可以随时随地上网。3G 上网卡是目前无线广域通信网络应用广泛的上网介质。目前我国有中国移动的 TD-SCDMA、中国电信的 CDMA2000 和中国联通的 WCDMA 三种网络制式，所以常见的就包括 TD、CDMA2000 和 WCDMA 等三类无线上网卡。

请读者自己练习安装无线上网卡，并按照运营商的要求进行配置，连接至互联网。

（三） 配置无线网卡

下面介绍利用无线路由器作为中心节点实现计算机无线上网的方法。无线路由器是单纯型桥接器与宽带路由器的一种结合体，它借助于路由器功能，可实现家庭无线网络中的 Internet 连接共享，实现 ADSL 和小区宽带的无线共享接入。另外，无线路由器可以把通过它进行无线和有线连接的终端都分配到一个子网，这样子网内的各种设备交换数据就非常方便。因此，无线路由器就是桥接器、路由器和交换机的集合体，支持有线无线组成同一子网，直接连接至 Modem 或局域网网络接口。

【操作步骤】

1. 仍然使用项目二中提到的 D-Link 无线路由器进行组网，如图 4-13 所示。可以看到该路由器既有无线接口，也有 4 个有线接口。
2. 先对无线路由器进行设置。将计算机原有的 IP 地址清空，在 IE 地址栏中输入无线路由器默认地址 "http://192.168.0.1"，出现登录界面，如图 4-14 所示。

图 4-13　D-Link 无线路由器

图 4-14　无线路由器登录界面

3.　输入用户名和密码后，单击 确定 按钮，出现如图 4-15 所示的窗口。

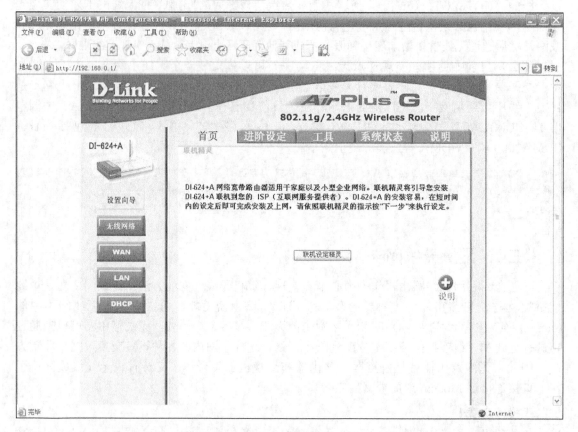

图 4-15　设置窗口

4.　单击 联机设定精灵 按钮，出现如图 4-16 所示的窗口。

5.　前面的几个步骤均可保持默认设置，直接单击 按钮，进行到步骤 4 时出现如图 4-17 所示的窗口。

图 4-16　联机设定精灵

图 4-17　设定无线通信联机

6. 在【WEP 密码】文本框中输入无线连接密码，单击 按钮，出现如图 4-18 所示的窗口。

图 4-18　设定完成

7. 单击 按钮，出现如图 4-19 所示的窗口。

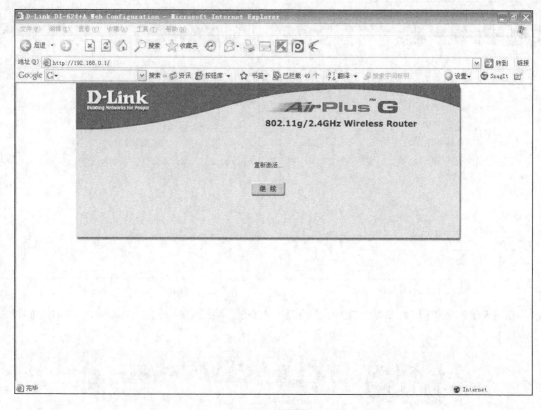

图 4-19　重新激活

8. 重新激活之后即可完成无线路由器的配置。用鼠标右键单击桌面上的【网上邻居】图标，
   在弹出的快捷菜单中选择【属性】命令，打开如图 4-20 所示的【网络连接】窗口。

图 4-20　【网络连接】窗口

9. 双击【无线网络连接】选项，出现如图 4-21 所示的【无线网络连接】对话框。

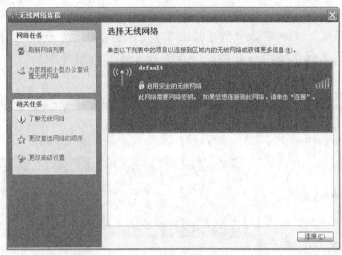

图 4-21　选择无线网络

10. 由于已经设置了无线路由器的密码，因此此处显示为"启用安全的无线网络"，否则将显示为"不安全的无线网络"。单击 连接(C) 按钮进行无线连接，出现如图 4-22 所示的对话框。

11. 稍等片刻，出现如图 4-23 所示的对话框。

图 4-22　正在连接状态

图 4-23　输入网络密钥

12. 单击 连接(C) 按钮，出现如图 4-24 所示的对话框。

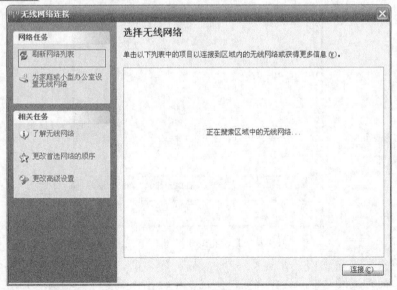

图 4-24　搜索无线网络

13. 稍等一会儿，出现如图 4-25 所示的对话框。可以看到在这个无线网络的右上角出现一个黄色五角星，旁边显示"已连接上"，说明这台计算机已成功连接至无线网络，可以享受到该无线网络的所有功能。如需断开该无线网络连接，只需单击 断开(D) 按钮即可。

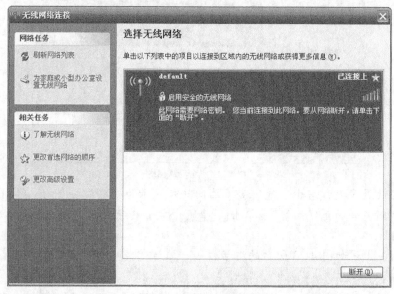

图 4-25　已连接上无线网络

14. 双击任务栏右侧的无线网卡小图标，打开【无线网络连接 状态】对话框，如图 4-26 所示。在这里可以查看无线网卡的工作状态。

图 4-26　【无线网络连接 状态】对话框

15. 其他安装有无线网卡的计算机可以参照以上步骤设置，即可同样接入以这个无线路由器为中心的无线网络中，这样就可以实现多台计算机的资源共享或者共享上网。

任务三　无线局域网的网络安全

无线局域网的技术发展已经很成熟，它可以为用户提供更好的移动性、灵活性和扩展性，在难以重新布线的区域提供快速而经济有效的局域网接入。无线网桥可用于为远程站点和用户提供局域网接入。但是，当用户对 WLAN 的期望日益升高时，其安全问题随着应用的深入表露无遗，并成为制约 WLAN 发展的主要瓶颈。

（一）　无线局域网面临的安全威胁

无线局域网技术在发展过程中不断完善，但作为一种网络接入手段，在带来便利性的同时（能迅速地应用于需要在移动中联网和在网间漫游的场合，并在不易架设网线的地方和远距离的数据处理节点间提供强大的网络支持），也存在很多的安全隐患。这是由于无线局域网通过无线电波在空中传输信息，其移动设备和传输媒介的特殊性，使得任何人都有条件或可能窃听、干扰信息，容易受到攻击。以下就从几个方面来介绍无线局域网所面临的安全威胁。

(1) 容易侵入

无线局域网非常容易被发现，为了能够使用户发现无线网络的存在，网络必须发送有特定参数的信标帧，这样就给攻击者提供了必要的网络信息。入侵者可以通过高灵敏度的天线从公路边、楼宇中以及其他任何地方对网络发起攻击而不需要任何物理方式的侵入。

(2) 非法的 AP

无线局域网易于访问和配置简单的特性，使得任何人的计算机都可以通过自己购买的AP，不经过授权而连入网络。很多用户未经授权就自建无线局域网，通过非法 AP 接入给网络带来很大的安全隐患

(3) 未经授权使用服务

一半以上的用户在使用 AP 时只是在其默认的配置基础上进行很少的修改。几乎所有的AP 都按照默认配置来开启 WEP 进行加密，或者使用原厂提供的默认密钥。由于无线局域网的开放式访问方式，未经授权擅自使用网络资源不仅会增加带宽费用，更可能会导致法律纠纷。而且未经授权的用户没有遵守服务提供商提出的服务条款，可能会导致 ISP 中断服务。

(4) 服务和性能的限制

无线局域网的传输带宽是有限的，由于物理层的开销，使无线局域网的实际最高有效吞吐量仅为标准的一半，并且该带宽是被 AP 所有用户共享的。无线带宽可以被几种方式吞噬：来自有线网络远远超过无线网络带宽的网络流量，如果攻击者从快速以太网发送大量的Ping 流量，就会轻易地吞噬 AP 有限的带宽；如果发送广播流量，就会同时阻塞多个 AP；攻击者可以在同无线网络相同的无线信道内发送信号，这样被攻击的网络就会通过CSMA/CA 机制进行自动适应，同样影响无线网络的传输；另外，传输较大的数据文件或者复杂的 C/S 系统都会产生很大的网络流量。

(5) 地址欺骗和会话拦截

由于 802.11 无线局域网对数据帧不进行认证操作，攻击者可以通过欺骗帧去重定向数据流，通过非常简单的方法，攻击者可以轻易获得网络中站点的 MAC 地址。这些地址可以在恶意攻击时使用。攻击者除通过欺骗帧进行攻击外，还可以通过截获会话帧发现 AP 中存在的认证缺陷，通过监测 AP 发出的广播帧发现 AP 的存在。然而，由于 802.11 没有要求

AP 必须证明自己是一个真 AP，攻击者很容易装扮成 AP 进入网络，通过这样的 AP，攻击者可以进一步获取认证身份信息从而进入网络。在没有采用 802.11i 对每一个 802.11 MAC 帧进行认证的技术之前，通过会话拦截实现的网络入侵是无法避免的。

(6) 流量分析与流量侦听

802.11 无法防止攻击者采用被动方式监听网络流量，而任何无线网络分析仪都可以不受任何阻碍地截获未进行加密的网络流量。目前，WEP 有漏洞可以被攻击者利用，它仅能保护用户和网络通信的初始数据，并且管理和控制帧是不能被 WEP 加密和认证的，这样就给攻击者以欺骗帧中止网络通信提供了机会。早期，WEP 非常容易被 Airsnort、WEPcrack 一类的工具解密，但后来很多厂商发布的固件可以避免这些已知的攻击。作为防护功能的扩展，最新的无线局域网产品的防护功能更进了一步，利用密钥管理协议实现每 15 分钟更换一次 WEP 密钥。攻击者在这么短的时间内破获密钥几乎不存在可能性。

(7) 高级入侵

一旦攻击者进入无线网络，它将成为进一步入侵其他系统的起点。很多网络都有一套经过精心设置的安全设备作为网络的外壳，以防止非法攻击，但是在外壳保护的网络内部却是非常的脆弱，容易受到攻击的。无线网络可以通过简单配置就可快速地接入网络主干，但这样会使网络暴露在攻击者面前。即使有一定边界安全设备的网络，同样也会使网络暴露出来从而遭到攻击。

（二） 无线局域网应采取的安全措施

无线局域网本身就具有脆弱性，任何安全防御技术都不能完全确保无线局域网的安全性，用户在使用时应特别注意。针对以上安全威胁，可以采取以下手段来提高其安全性。

(1) 加强网络访问控制

容易访问不等于容易受到攻击。一种极端的手段是通过房屋的电磁屏蔽来防止电磁波的泄漏，当然通过强大的网络访问控制可以减少无线网络配置的风险。如果将 AP 安置在像防火墙这样的网络安全设备的外面，最好考虑通过 VPN 技术连接到主干网络，更好的办法是使用基于 802.1x 的新的无线网络产品。802.1x 定义了用户级认证的新的帧的类型，借助于企业网已经存在的用户数据库，将前端基于 802.1x 无线网络的认证转换到后端基于有线网络的 RADIUS 认证。

(2) 定期进行站点审查

像其他许多网络一样，无线网络在安全管理方面也有相应的要求。在入侵者使用网络之前，通过接收天线找到未被授权的网络，通过物理站点的监测应当尽可能地频繁进行，频繁地监测可增加发现非法配置站点的存在几率，但是这样会花费很多的时间并且移动性很差。可以选择小型的手持式检测设备。管理员可以通过手持扫描设备随时到网络的任何位置进行检测。

(3) 加强安全认证

最好的防御方法就是阻止未被认证的用户进入网络。由于访问特权是基于用户身份的，所以通过加密的办法对认证过程进行加密是进行认证的前提，通过 VPN 技术能够有效地保护通过电波传输的网络流量。一旦网络成功配置，严格的认证方式和认证策略将是至关重要的。另外还需要定期对无线网络进行测试，以确保网络设备使用了安全认证机制，并确保网络设备的配置正常。

(4) 网络检测

定位性能故障应当从监测和发现问题入手。很多 AP 可以通过 SNMP 报告统计信息，但是信息十分有限，不能反映用户的实际问题。而无线网络测试仪则能够如实反映当前位置信号的质量和网络健康状况。测试仪可以有效识别网络速率、帧的类型，帮助进行故障定位。

(5) 采用可靠的协议进行加密

如果用户的无线网络用于传输比较敏感的数据，那么仅用 WEP 加密方式是远远不够的，需要进一步采用像 SSH、SSL、IPSec 等加密技术来加强数据的安全性。

(6) 隔离无线网络和核心网络

由于无线网络非常容易受到攻击，因此被认为是一种不可靠的网络。很多单位把无线网络布置在诸如休息室等公共区域，作为提供给客人的接入方式。应将网络布置在核心网络防护外壳的外面，如防火墙的外面，接入访问核心网络采用 VPN 方式。

> 无线局域网正在越来越多的领域中取代有线局域网占据主导地位，但在一些对信息数据要求极高的行业和机构，如金融业和军事领域，无线局域网的先天安全性缺陷将十分致命。因此，在这些领域，无线局域网将只能作为有线局域网的补充或是备用设备。

【知识链接】

现在，随着数码设备的普及，相信很多人都使用过 Wi-Fi。那么 Wi-Fi 和 WLAN 有什么区别呢？WLAN 的概念前面已经讲过，而 Wi-Fi（wireless fidelity，无线保真）实质上是一种商业认证，具有 Wi-Fi 认证的产品符合 802.11b 无线网络规范，它是当前应用最为广泛的 WLAN 标准，采用波段是 2.4GHz。802.11b 无线网络规范是 802.11 网络规范的变种，最高带宽为 11Mbit/s，在信号较弱或有干扰的情况下，带宽可调整为 5.5Mbit/s、2Mbit/s 和 1Mbit/s，带宽的自动调整，有效地保障了网络的稳定性和可靠性。

这两者的区别主要体现在以下几点。

① Wi-Fi 和 WLAN 都是通信网络中的无线数据信号传输技术。Wi-Fi 主要采用 802.11b 协议，802.11b 协议是 WLAN 包含的数据传输协议中的其中一个，简单地说，Wi-Fi 是 WLAN 的一个标准，前者是后者的其中一种应用的拓展。

② 传输距离范围不同，Wi-Fi 的覆盖范围约合 90m，WLAN 最大可达 5km。

③ Wi-Fi 可用于组建 WLAN，构成一个一个的信号接收和发送节点，进行数据的发送、接收和传输。

④ WLAN 根据不同的传输协议在不同的频率/距离/速率下运行提供宽带无线连接，而 Wi-Fi 只能是在 802.11b 协议下定义的输出频率/距离/速率下来工作。

⑤ WLAN 指的是在一个小范围内（如办公室或家庭），一系列装置通过无线连接起来，可以借助多个信号发送和接收的设备，只要在同一个局域网内，就可以网络互连。Wi-Fi 相当于点对点的小系统，只有一个信号接收和发送的设备，是一种小型的 WLAN 系统。

⑥ WLAN 无线上网其实包含 Wi-Fi 无线上网。WLAN 无线上网覆盖范围更宽，而 Wi-Fi 无线上网比较适合例如智能手机、平板电脑等智能小型数码产品。

项目实训 **设置两台计算机无线互连**

通过以上任务的介绍，读者已经基本掌握了无线网卡的安装以及软件设置。下面通过实训来巩固和提高所学到的知识。

【实训目的】

通过在两台计算机上安装无线网卡（或使用已安装有无线网卡的笔记本电脑），并对网卡进行配置，从实践中掌握无线互连的一系列知识点。

【实训要求】

使两台安装了无线网卡的计算机实现双机互连。

【操作步骤】

1. 准备两台计算机，分别安装好无线网卡。
2. 分别给两台计算机的无线网卡分配好 IP 地址。
3. 在其中一台计算机上打开【无线网络连接 属性】对话框，切换到【无线网络配置】选项卡，在【高级】选项中，选择【仅计算机到计算机（特定）】单选按钮。
4. 在【无线网络连接属性】对话框的【无线网络配置】选项卡中添加"首选网络"，在【服务设置标志（SSID）】文本框中输入一个无线网络名称。
5. 在另外一台计算机上连接到已给定名称的无线网络即可。

项目拓展 **解决常见问题**

（1）如何检查无线接入点的可连接性

要确定无法连接网络问题的原因，首先需要检测网络环境中的计算机是否能正常连接无线接入点。简单的检测方法是在有线网络中的一台计算机中打开命令行模式，然后 ping 无线接入点的 IP 地址，如果无线接入点响应了这个 ping 命令，那么证明有线网络中的计算机可以正常连接到无线接入点；如果无线接入点没有响应，有可能是计算机与无线接入点间的无线连接出现问题，或者是无线接入点本身出现了故障。

要确定到底是什么问题，可以尝试从无线客户端 ping 无线接入点的 IP 地址，如果成功，说明刚才那台计算机的网络连接部分可能出现了问题，如网线损坏。如果无线客户端无法 ping 到无线接入点，那么证明无线接入点本身工作异常，可以将其重新启动，等待大约 5 分钟后，再通过有线网络中的计算机和无线客户端，利用 ping 命令察看它的连接性。如果从这两方面 ping 无线接入点依然没有响应，那么证明无线接入点已经损坏或者配置错误。此时可以将这个可能损坏了的无线接入点通过一段可用的网线连接到一个正常工作的网络，还需要检查它的 TCP/IP 配置。之后，再次在有线网络客户端 ping 这个无线接入点，如果依然失败，则表示这个无线接入点已经损坏。这时就应该更换新的无线接入点了。

（2）无线客户端如何获得 IP 地址

很多无线接入点都自带 DHCP 服务器功能。一般来说，这些 DHCP 服务器都会将"192.168.0.x"这个地址段分配给无线客户端，而且 DHCP 接入点也不会接受不是自己分配的 IP 地址的连接请求。这意味着具有静态 IP 地址的无线客户端或者从其他 DHCP 服务器获取 IP 地址的客户端有可能无法正常连接到这个接入点。当第一次安装了带有 DHCP 服务的无线接入点时，允许它为无线终端分配 IP 地址。然而，假设用户的网络 IP 地址段是"147.100.x.y"，这就意味着虽然无线客户端可以连接到无线接入点并得到一个 IP 地址，但该客户端将无法与有线网络内的其他计算机通信，因为它们属于不同的地址段。对于这种情况，有以下两种解决方法。

① 禁用接入点的 DHCP 服务，并让无线客户端从网络内标准的 DHCP 服务器处获取 IP 地址。

② 修改 DHCP 服务的地址范围，使它适用于现有的网络。这两种方法都是可行的，不过，还要看具体的无线接入点的固件功能。很多无线接入点都允许采用其中的一种方法，而能够同时支持这两种方法的无线接入点很少。

项目小结

本项目主要介绍了无线局域网的规划以及软硬件设置的方法。本项目分为三个任务：一个是无线局域网相关技术，介绍了无线局域网的规划以及标准；第二个是无线网卡的安装与配置；第三个是无线局域网的网络安全。完成了这三个任务之后就可以顺利搭建无线局域网了。希望读者通过这三个任务的学习，增强实际动手能力，能够实际组建一个无线局域网。

思考与练习

一、填空题

1. 无线网卡根据接口类型不同分为：_____、_____、_____。

2. 无线局域网的工作模式主要有_____和_____两种。

3. Wi-Fi 主要采用_____协议，该协议是 WLAN 包含的数据传输协议中的其中一个。

二、选择题

1. 目前使用最多的无线局域网标准是（　　）。

    A. 蓝牙　　　　　　B. HomeRF　　　　　C. IEEE 802.11　　　D. IEEE 802.11g

2. （　　）是组建无线局域网必需的设备。

    A. 无线路由器　　　B. 无线网卡　　　　C. 无线桥接器　　　D. 中继器

3. 目前最常用的无线网络加密协议是（　　）。

    A. SSH　　　　　　B. WEP　　　　　　C. SSL　　　　　　D. IPSec

三、简答题

1. 常见的无线网络协议有哪些，它们的特点是什么？

2. 无线网络与有线网络相比较，有哪些优点？

3. 无线局域网应采取何种安全措施？

四、操作题

1. 用两台以上计算机组成一个对等无线局域网。

2. 使用无线路由器实现无线网络与有线网络的连接。

项目五

文件和打印机共享

　　计算机网络的定义：将地理位置不同的具有独立功能的多个计算机系统通过通信设备和线路连接起来，并以功能完善的网络软件（网络协议、信息交换方式及网络操作系统等）实现网络资源共享的系统。人们利用网络正是因为它有资源共享的功能，一般来讲，计算机网络可以实现硬件、软件、数据及信息资源的共享。网络允许多个用户共享设备和数据，对于任何单位和组织而言，共享设备都会节省开销和时间。计算机上各种有用的数据和信息资源，通过网络都可以快速准确地向其他计算机传输。在企业网络中最基础、最常见的应用就是文件和打印机共享，因此在网络中如何管理和使用共享资源就显得非常重要。下面就来介绍如何在 Windows Server 2003 操作系统中实现文件和打印机共享。

学习目标

了解 Windows Server 2003 操作系统中用户
管理的方法。
掌握文件共享的设置方法。
掌握打印机共享的设置方法。

任务一　管理用户

　　用户登录到网络并使用网络资源的前提是必须有用户账户。在 Windows Server 2003 操作系统中的用户账户有两种类型：一是"本地用户账户"；二是"Active Directory 用户和计算机账户"。用户账户为用户或计算机提供了安全保障。在域控制器中，只有具有用户账户的用户才能访问服务器，使用网络上的资源。账户主要用于验证用户或计算机的身份、授权对域资源的访问、审核使用用户或计算机账户所执行的操作等。本项目主要介绍本地用户账户，用户可以利用相关管理工具对本地计算机上的用户账户和组进行管理。在 Windows Server 2003 操作系统安装完毕之后，会产生两个重要的默认本地账户：一个是"Administrator"账户，即系统管理员账户，它对操作系统拥有最高权限；另一个是"Guest"账户，默认状态是禁用的，它不需要密码，权限很低。一般情况下，出于安全考虑，不建议直接使用"Administrator"账户登录，那么就需要创建新的本地用户账户。

（一）　新建用户账户

　　如果一台计算机是公用的，那么在系统中建立其他本地用户账户是非常必要的。下面就来介绍如何创建一个新的本地用户账户。

【操作步骤】

1. 用鼠标右键单击桌面上的【我的电脑】图标，在弹出的快捷菜单中选择【管理】命令，打开【计算机管理】窗口。在左侧窗口列表中选择【本地用户和组】/【用户】选项，此时右侧窗口中出现已有的默认账户名称，如图 5-1 所示。

2. 在右侧窗口空白处单击鼠标右键，在弹出的快捷菜单中选择【新用户】命令，出现如图 5-2 所示的【新用户】对话框。

图 5-1　【计算机管理】窗口　　　　　　　　图 5-2　【新用户】对话框

3. 在文本框中分别输入新建用户名（此处设为"user"）和密码，单击 创建(C) 按钮，则新用户创建完毕。再单击 关闭(O) 按钮，回到【计算机管理】窗口，可以看到右侧窗口中的用户已增加一个新建的"user"账户，如图 5-3 所示。

图 5-3　新用户账户创建成功

 只有本地管理员或已被赋予了相应权限的用户才可以新建用户。新建的用户名不能与计算机上的其他用户名或组名相同。

（二） 管理用户账户

新建了用户账户之后，可以对其进行管理，包括更改密码、禁用和激活账户、删除账户、重命名账户等。当某个用户忘记了密码，无法登录本地计算机时，需要管理员重新设置用户密码。如果一段时间内某个账户不会登录到计算机，那么出于系统安全考虑，可以禁用该账户。当需要保持某个用户的全部权限，并且要将此权限赋予其他用户的时候，可以重新命名此用户账户。当不再需要某个账户的时候，也可以将其删除。下面来介绍具体操作。

【操作步骤】

1. 在如图 5-3 所示的【计算机管理】窗口中，用鼠标右键单击账户【user】，在弹出的快捷菜单中选择【属性】命令，出现如图5-4所示的【user 属性】对话框。
2. 在【常规】选项卡中选择【账户已禁用】复选框，则可禁用该账户。切换到【隶属于】选项卡，可以修改该账户所属的工作组，如图5-5所示。

图 5-4　设置账户属性

图 5-5　设置账户隶属关系

3. 单击 添加(D)... 按钮，出现如图 5-6 所示的【选择组】对话框。
4. 单击 高级(A)... 按钮，则对话框变成如图 5-7 所示的状态，再单击 立即查找(N) 按钮。

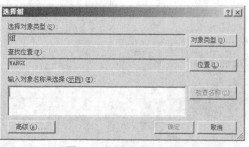

图 5-6　【选择组】对话框

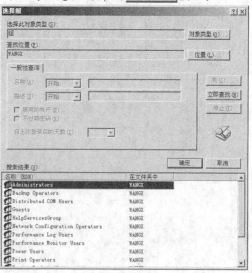

图 5-7　查找组

5. 在搜索结果中选中【Administrators】组，单击 确定 按钮，出现如图 5-8 所示的对话框。

6. 单击 确定 按钮，出现如图 5-9 所示的对话框。与图 5-5 所示的对话框相比，可见已增加了管理员组，此时"user"账户已成为系统管理员。

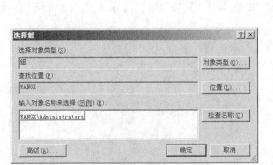

图 5-8 添加管理员组   图 5-9 设置账户隶属于管理员组

7. 在【计算机管理】窗口中，用鼠标右键单击【user】账户，弹出如图 5-10 所示的快捷菜单，选择【删除】（或【重命名】）命令，可直接删除（或重命名）该账户。这里选择【设置密码】命令。

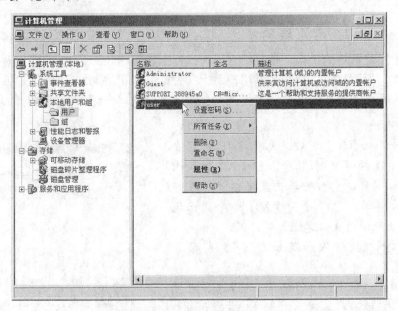

图 5-10 账户快捷菜单

8. 此时弹出警示对话框，如图 5-11 所示。

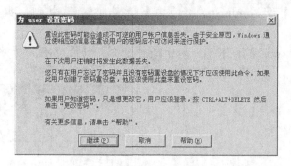

图 5-11　警示对话框

9. 单击　继续(P)　按钮，出现如图 5-12 所示的【为 user 设置密码】对话框。

10. 输入新密码并确认密码，单击　确定　按钮，出现如图 5-13 所示的【本地用户和组】对话框，显示新密码已设置成功。

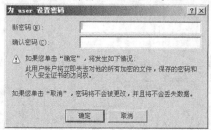

图 5-12　设置密码

图 5-13　密码已设置成功

 　　当禁用了某个用户账户时，该账户的名称上会出现红色叉号，系统将不再允许该用户名登录。只有该账户被激活后才可正常登录。

（三）　组的创建与管理

组是多个用户账户的集合。使用组可以一次性赋予该组所有用户相应的权限，从而简化了用户的管理。所谓权限，就是控制用户对于文件或打印机等网络资源的使用。也可以把同一个用户加入不同的组，使用户具有不同的权限。下面简单介绍组的创建与管理。

【操作步骤】

1. 打开【计算机管理】窗口（见图 5-10），在左侧窗口中选择【本地用户和组】/【组】选项。在右侧窗口空白处单击鼠标右键，在弹出的快捷菜单中选择【新建组】命令，出现如图 5-14 所示的【新建组】对话框。

2. 单击　添加(A)...　按钮，出现如图 5-15 所示的【选择用户】对话框。

3. 任意选择需要加入到组的账号，可单选，也可按住 Shift 键进行多选。本例仅选中【user】账户，单击　确定　按钮，出现如图 5-16 所示的【新建组】对话框。

图 5-14　新建组

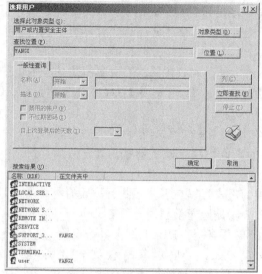

图 5-15　【选择用户】对话框

图 5-16　组命名

4. 在【组名】文本框中输入新组的名称，此处设定为"用户"。可看到只有一个组成员 "user"。先单击 创建(C) 按钮，再单击 关闭(O) 按钮，返回如图 5-17 所示的【计算机管理】窗口，此时在右侧窗口的最后一行已出现一个【用户】组，则新组创建成功。

5. 在如图 5-17 所示的窗口中用鼠标右键单击【用户】组，在弹出的快捷菜单中选择【属性】命令，出现如图 5-18 所示的【用户 属性】对话框。此处可添加或删除组内用户，具体操作过程类似于前面介绍过的用户账户的管理，此处不再赘述。

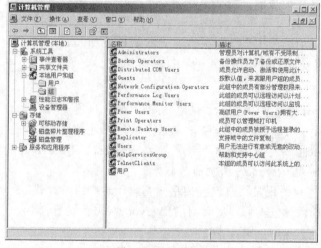

图 5-17　组创建成功

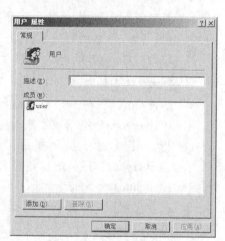

图 5-18　组属性

【知识链接】

下面介绍 Windows Server 2003 操作系统中内置组的基本权限。

🔑　内置用户组

• Administrators：属于该本地组内的用户，都具备系统管理员的权限，他们拥有对计算机最大的控制权限，可以执行整台计算机的管理任务。内置的系统管理员账户 "Administrator" 就是本地组的成员，而且无法将其从该组中删除。如果这台计算机已加入域，则域的 "Domain Admins" 会自动地加入到该计算机的 "Administrators" 组内。也就是说，域上的系统管理员在这台计算机上也具备系统管理员的权限。

- Backup Operators：在该组内的成员，不论其是否有权访问这台计算机中的文件夹或文件，都可以通过选择【开始】/【所有程序】/【附件】/【系统工具】/【备份】命令，备份与还原这些文件夹与文件。

- Guests：该组提供给那些没有用户账户但是又需要访问本地计算机内资源的用户，该组的成员无法永久地改变其桌面的工作环境。该组最常见的默认成员用户账号为 "Guest"。

- Network Configuration Operators：该组内的用户可以在客户端执行一般的网络设置任务，例如更改 IP 地址。但是不可以安装/删除驱动程序与服务，也不可以执行与网络服务器设置有关的任务，例如 DNS 服务器、DHCP 服务器的设置。

- Power Users：该组内的用户具备比 "Users" 组更多的权利，但是比 "Administrators" 组拥有的权利少。其可以创建、删除、更改本地用户账户；创建、删除、管理本地计算机内的共享文件夹与共享打印机；自定义系统设置，例如更改计算机时间、关闭计算机等。该组的成员不可以更改 "Administrators" 与 "Backup Operators" 用户组设置，无法夺取文件的所有权、备份与还原文件、安装与删除设备驱动程序以及管理安全与审核日志等。

- Remote Desktop Users：该组的成员可以通过远程计算机登录。例如，利用终端服务器从远程计算机登录。

- Users：该组的成员只拥有一些基本的权利，例如运行应用程序，但是他们不能修改操作系统的设置，不能更改其他用户的数据，不能关闭服务器级的计算机。所有添加的本地用户账户自动属于该组。如果这台计算机已经加入域，则域的 "Domain Users" 会自动地被加入到该计算机的 "Users" 组中。

🔑 内置特殊组

- Everyone：任何一个用户都属于这个组。注意，如果 "Guest" 账号启用，则给 "Everyone" 组指派权限时必须小心，因为当一个没有账户的用户连接计算机时，将被允许自动利用 "Guest" 账户连接，但是因为 "Guest" 也属于 "Everyone" 组，所以他将具备 "Everyone" 所拥有的权限。

- Authenticated Users：任何利用有效的用户账户连接的用户都属于这个组。建议在设置权限时，尽量针对该组进行设置，而不要针对 "Everyone" 进行设置。

- Interactive：任何在本地登录的用户都属于这个组。

- Network：任何通过网络连接此计算机的用户都属于这个组。

- Creator Owner：文件夹、文件或打印文件等资源的创建者，就是该资源的 Creator Owner（创建所有者）。不过，如果创建者是属于 "Administrators" 组内的成员，则其 "Creator Owner" 为 "Administrators" 组。

- Anonymous Logon：任何未利用有效的 Windows Server 2003 账户连接的用户，都属于这个组。注意，在 Windows Server 2003 操作系统中，"Everyone" 组内并不包含 "Anonymous Logon" 组。

请读者练习创建新的用户和组，并修改用户和组的属性。

任务二　设置文件共享

在局域网中，计算机互连的主要目的之一就是资源共享，包括硬件资源和软件资源的共享。通过资源共享，可以使有限的资源发挥最大的作用，从而大大提高工作效率。在资源共享中最常见的就是文件和打印机的共享。要想提供文件共享服务，必须先指定需要共享的文件夹。共享了文件夹之后，该文件夹中的文件就可以以很快的速度在计算机之间转移。下面先介绍如何实现文件夹的共享。

（一）　设置文件夹共享

在 Windows Server 2003 操作系统中，共享文件夹可以针对不同的用户设置不同的访问权限。

【操作步骤】

1. 选择【开始】/【所有程序】/【附件】/【Windows 资源管理器】命令，在 Windows 资源管理器的左侧窗口中选择"我的电脑"下的"C"盘符，打开如图 5-19 所示的窗口。

图 5-19　Windows 资源管理器

下面将文件夹"新建文件夹"设置为共享。

2. 用鼠标右键单击【新建文件夹】文件夹，在弹出的快捷菜单中选择【共享和安全】命令，出现如图 5-20 所示的【新建文件夹 属性】对话框。

3. 单击 权限(P) 按钮，打开如图 5-21 所示的【新建文件夹 的权限】对话框。

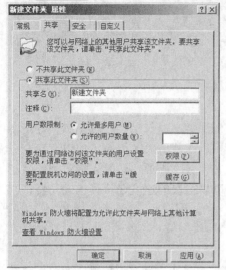

图 5-20 【新建文件夹 属性】对话框

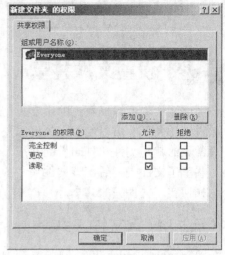

图 5-21 【新建文件夹 权限】对话框

4. 在上面的【组或用户名称】栏中，可根据需要增加或者删除需要赋予访问权限的用户或组，在下面的权限栏中，可根据需要赋予该用户或组不同级别的访问权限。设置完成之后单击 确定 按钮，如图 5-22 所示，在【新建文件夹】图标上出现一只托起的手的形状，表明该文件夹已成功实现共享。

图 5-22 文件夹已共享

说明

　　文件夹共享给工作和学习带来了便利，但也给计算机带来了一系列的安全风险。如果共享文件夹处于"完全控制"状态，将使计算机病毒和黑客有机可乘。大家在设置共享文件夹的时候如无特殊需要，最好设为"读取"权限。

（二） 映射网络驱动器

在网络中，用户可能经常需要访问某一个或几个网络共享资源，若每次都通过【网上邻居】打开，比较费事。可以利用"映射网络驱动器"功能，将该网络共享资源（如下面操作中的"软件"文件夹）映射为网络驱动器，则访问起来就像访问本地硬盘一样方便快捷。

【操作步骤】

1. 在资源管理器的【网上邻居】选项中查看相邻计算机，如图 5-23 所示。

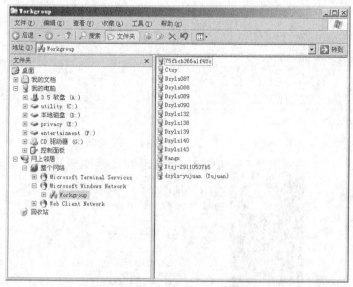

图 5-23 查看相邻计算机

2. 选中其中的一台计算机，双击计算机名称，在右侧窗口中出现该计算机已共享的文件夹"软件"，如图 5-24 所示。

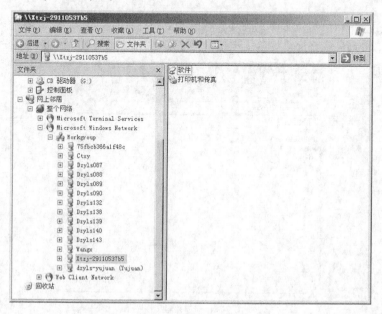

图 5-24 查看共享文件夹

3. 选择【工具】/【映射网络驱动器】命令，出现如图 5-25 所示的【映射网络驱动器】对话框。

4. 【驱动器】文本框中采用系统默认盘符即可，单击 浏览(B)... 按钮，在如图 5-26 所示的【浏览文件夹】对话框中选中要映射的共享文件夹"软件"。

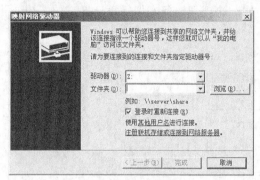

图 5-25　映射网络驱动器

图 5-26　选择共享文件夹

5. 单击 确定 按钮，出现如图 5-27 所示的对话框，需要映射的共享文件夹添加成功。

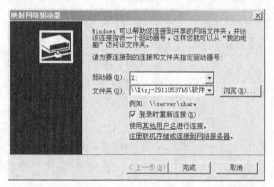

图 5-27　添加共享文件夹

6. 单击 完成 按钮。双击桌面上的【我的电脑】图标，打开如图 5-28 所示的【我的电脑】窗口。可以看到最后一行的共享文件夹已映射成功，系统分配给网络驱动器的盘符为"Z"。

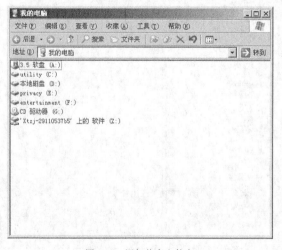

图 5-28　添加共享文件夹

7. 如果要断开网络驱动器，只需要在网络驱动器"Z"上单击鼠标右键，在弹出的快捷菜单中选择【断开】命令即可，如图 5-29 所示。

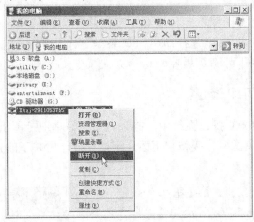

图 5-29 断开网络驱动器

【知识链接】

在安装了 Windows XP 操作系统的计算机上，即使网络连接和共享设置正确，使用其他系统的用户仍然无法访问该计算机。默认情况下，Windows XP 操作系统的本地安全设置要求进行网络访问的用户全部采用来宾方式。同时，在 Windows XP 操作系统安全策略的用户权利指派中又禁止"Guest"用户通过网络访问系统。这样两条相互矛盾的安全策略导致了网内其他用户无法通过网络访问使用 Windows XP 操作系统的计算机。可采用以下方法解决这个问题。

(1) 解除对"Guest"账号的限制

选择【开始】/【运行】命令，在【运行】对话框中输入"gpedit.msc"，打开组策略编辑器，依次选择【计算机配置】/【Windows 设置】/【安全设置】/【本地策略】/【用户权利指派】选项，双击【拒绝从网络访问这台计算机】策略，删除里面的"Guest"账号。这样其他用户就能够通过 Guest 账号经由网络访问使用 Windows XP 操作系统的计算机了。

(2) 更改网络访问模式

打开组策略编辑器，依次选择【计算机配置】/【Windows 设置】/【安全设置】/【本地策略】/【安全选项】选项，双击【网络访问：本地账号的共享和安全模式】策略，将默认设置"仅来宾——本地用户以来宾身份验证"，更改为"经典——本地用户以自己的身份验证"。这样，当其他用户通过网络访问使用 Windows XP 操作系统的计算机时，就可以用自己的"身份"进行登录了。当该策略改变后，文件的共享方式也有所变化，在启用"经典——本地用户以自己的身份验证"方式后，可以对同时访问共享文件的用户数量进行限制，并能针对不同的用户设置不同的访问权限。

不过可能还会遇到另外一个问题，当用户的密码为空时，访问还是会被拒绝。原因是在【安全选项】中有一个【账户：使用空白密码的本地账户只允许进行控制台登录】策略默认是启用的，根据 Windows XP 操作系统安全策略中拒绝优先的原则，密码为空的用户通过网络访问 Windows XP 操作系统的计算机时便会被禁止，只要将这个策略停用即可解决问题。

请读者自己练习设置共享文件夹，并通过【网上邻居】访问共享文件夹。

任务三 设置打印机共享

在局域网中，最常见的计算机硬件资源共享就是打印机共享。在办公网络中，一般不可能也没有必要给每台计算机都配置打印机。如果是一个小型局域网，只需要配置一台打印机，使用共享打印机功能即可满足需要，这将大大减少资金的投入。

（一） 设置打印机共享

在 Windows Server 2003 操作系统中，必须先安装好本地打印机，然后才能将其设置为共享，设置方法与共享文件夹的操作类似。下面介绍设置打印机共享的方法。

【操作步骤】

1. 选择【开始】/【设置】/【打印机和传真】命令，打开如图 5-30 所示的【打印机和传真】窗口。

2. 用鼠标右键单击 Epson 打印机图标，在弹出的快捷菜单中选择【共享】命令，打开如图 5-31 所示的对话框。

3. 选择【共享这台打印机】单选按钮，在【共享名】文本框中输入共享名称，也可采用默认名称。单击 确定 按钮，如图 5-32 所示，此时 Epson 打印机图标上出现一个托起的手的形状，说明打印机共享已设置成功。

图 5-30 【打印机和传真】窗口

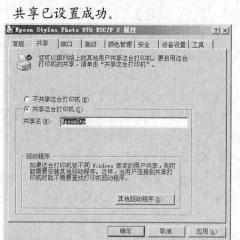

图 5-31 打印机共享设置

图 5-32 打印机已共享

（二） 添加网络打印机

在局域网中的一台计算机上设置好打印机共享后，其他网内的计算机就可以通过网络添加该打印机，实现打印机共享。前面介绍了提供打印机共享服务的主机设置，下面介绍一下客户机的设置。

【操作步骤】

1. 选择【开始】/【设置】/【打印机和传真】命令，打开【打印机和传真】窗口如图 5-33 所示，可以看到这台计算机并未安装打印机。

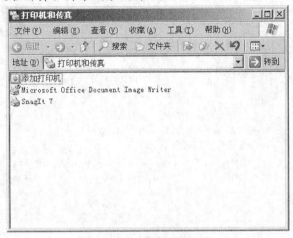

图 5-33　【打印机和传真】窗口

2. 双击【添加打印机】选项，打开如图 5-34 所示的【添加打印机向导】对话框。

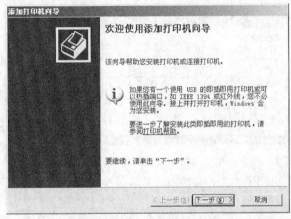

图 5-34　【添加打印机向导】对话框

3. 单击 下一步(N) 按钮，弹出如图 5-35 所示的对话框。

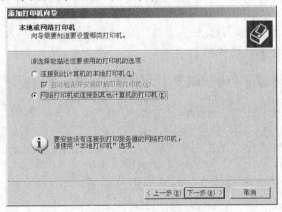

图 5-35　添加本地或网络打印机

4. 选择【网络打印机或连接到其他计算机的打印机】单选按钮。单击 下一步(N) 按钮，弹出如图 5-36 所示的对话框。

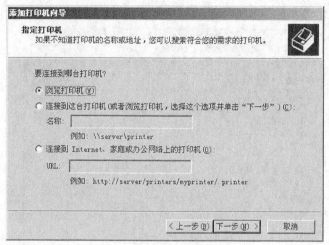

图 5-36　指定打印机

5. 确认选择【浏览打印机】单选按钮，单击 下一步(N) 按钮，打开如图 5-37 所示的对话框。

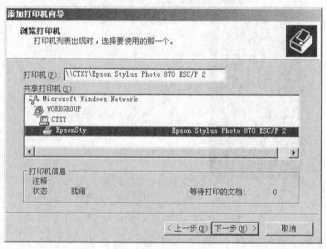

图 5-37　浏览打印机

6. 选中在 "CTXY" 计算机上已共享的打印机 "EpsonSty"。单击 下一步(N) 按钮，弹出如图 5-38 所示的【连接到打印机】对话框。

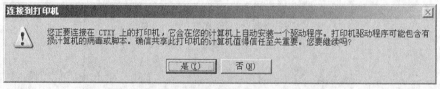

图 5-38　【连接到打印机】对话框

7. 单击 是(Y) 按钮，自动安装打印驱动程序。安装完毕之后，出现如图 5-39 所示的对话框。

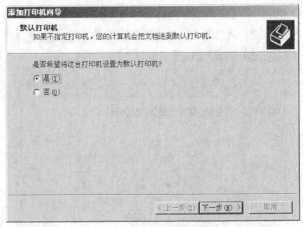

图 5-39　默认打印机

8. 如果需要将网络打印机设为默认打印机，选择【是】单选按钮。单击 下一步(N) 按钮，出现如图 5-40 所示的对话框。

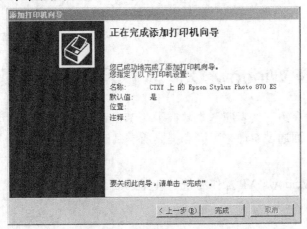

图 5-40　完成添加打印机向导

9. 单击 完成 按钮完成网络打印机的安装。此时，在【打印机和传真】窗口中便增加了默认的 Epson 网络打印机，如图 5-41 所示。

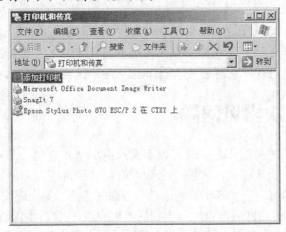

图 5-41　完成添加打印机向导

10. 当打开一个文档，并选择【打印】命令时，刚设置好的网络打印机已在可供选择的打印机列表中，如图 5-42 所示。选中该打印机，并单击 打印(P) 按钮即可开始打印。

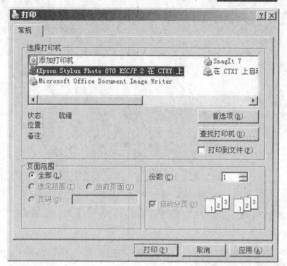

图 5-42　打印

项目实训　在 Windows XP 环境下设置文件及打印机共享

通过以上任务的介绍，读者应基本掌握了在 Windows Server 2003 环境下设置文件及打印机共享的方法。下面通过实训来巩固和提高所学到的知识。

【实训目的】

通过在安装了 Windows XP 操作系统的计算机上实现文件及打印机共享，巩固本项目所介绍的一系列知识点。

【实训要求】

使一台安装了 Windows XP 操作系统的计算机为另一台计算机提供文件夹及打印机的共享服务。

【操作步骤】

1. 准备两台计算机，其中提供共享的主机安装有 Windows XP 操作系统。
2. 在主机上设置共享文件夹，在另一台计算机上通过【网上邻居】访问该共享文件夹。
3. 在主机上设置共享打印机，在另一台计算机上添加该共享打印机并打印测试页。

项目拓展　解决常见问题

(1) 访问局域网中的其他计算机时可以不输入用户名和密码

用户访问局域网中的计算机，常被提示输入用户名和密码，应怎样解除？

需要输入用户名和密码主要是出于网络安全方面的考虑。如果确实需要解除这一限制，只要在需要进行文件共享的局域网内建立一个相同的用户名，并使用相同的密码，局域网内的所有计算机都用这个用户名和密码登录，这样在通过【网上邻居】访问其他计算机时就不再需要输入用户名和密码了。

(2) 为什么网络邻居访问不响应或者反应很慢

在安装 Windows XP/2000/Server 2003 操作系统的计算机中，浏览【网上邻居】时系统默认会延迟 30s，而使用这段时间去搜寻远程计算机是否有指定的计划任务（甚至有可能到 Internet 中搜寻）。如果搜寻时网络没有反应，便会陷入漫长的等待，那么就有可能产生 10 多分钟的延迟甚至报错。

解决这个问题可以通过关掉 Windows XP 操作系统的计划任务服务（Task Scheduler）来实现，具体方法如下。

① 选择【开始】/【设置】/【控制面板】/【管理工具】/【服务】命令。

② 在打开的【服务】窗口中双击【Task Scheduler】服务，打开其属性对话框。

③ 单击 停止(T) 按钮停止该项服务，再将启动类型设为"手动"，这样下次启动时便不会自动启动该项服务了。

 # 项目小结

本项目主要介绍了局域网内的文件及打印机共享设置。本项目分为三个任务：第一个是 Windows Server 2003 环境下本地用户的管理；第二个是文件共享设置；第三个是打印机共享设置。完成了这三个任务之后就可以在局域网内共享文件和打印机了。希望读者通过这三个任务的学习以及项目实训的实践操作，能够在局域网内实现文件及打印机的共享。

 # 思考与练习

一、填空题

1. 在局域网内进行资源共享时最常见的就是_____以及_____共享。

2. 如果局域网内的某台计算机上提供的共享目录是经常需要访问的，则可以将其映射为_____。

二、选择题

1. 下列哪种资源不能直接设置为共享？（　　　）

   A. 文件夹　　　　B. 文件　　　　　　C. 光驱　　　　　D. 硬盘

2. 在 Windows Server 2003 操作系统中设置文件共享时，共享文件夹默认的访问权限是（　　）。

   A. 读取　　　　　B. 完全控制　　　　C. 更改　　　　　D. 无

三、简答题

1. 要使计算机在【网上邻居】中能够互相访问，必须具备什么条件？

2. 如何设置共享打印机的访问权限？

四、操作题

1. 练习设置一个共享文件夹，并设置其具有只读权限。

2. 设置共享打印机，并指定某个特定用户才具有使用权限。

项目六

局域网内部网络服务

配置有服务器的局域网与对等网相比，通常具有以下优越性。

第一是服务和管理。专用服务器可以对域中的工作站进行统一的服务和管理，如设定各项共享服务、用户权限、备份管理等。用户人数越多，专用服务器在这方面提供的管理功能就越方便，可节省大量网络维护时间。

第二是安全性。对等网让每个用户自行设置个别文档是否共享，如果没有进行用户管理，就等于把共享文件夹开放给了所有的其他用户，非常不安全。专用服务器实现用户级的权限设置，管理员可以进行多方面多层次的设置和规范，整个系统的安全性大大提高。

第三是网络服务保证。专用服务器对网络提供的功能和服务有所保证。例如，在对等网中某些客户机兼有服务器功能。当其中一台机器关闭后往往导致某些服务停顿，如某些软件不能运行，或无法进行共享打印等，而使用服务器则可以有效避免这类问题的发生。

第四是可以提高效率。专用服务器由专门的操作系统处理网络上的数据传输和资源共享（如打印、宽频上网、通信等），能加快网络的运行速度和工作效率。

局域网内的服务器按照其提供的服务类型主要分为 WWW（全球信息网，通常被简称为 Web）服务器、DNS（域名系统）服务器、FTP（文件传输协议）服务器、DHCP（动态主机配置协议）服务器以及邮件服务器等。下面介绍最常见的 WWW、DNS 和 FTP 3 种服务器在 Windows Server 2003 环境下的配置方法。

学习目标

掌握 Web 服务器的设置与使用方法。
掌握 FTP 服务器的设置与使用方法。
掌握 DNS 服务器的设置与使用方法。

任务一 设置与使用 Web 服务器

目前，Internet 上最热门的服务之一就是全球信息网 WWW（World Wide Web）服务，WWW 已经成为很多人在网上查找资料、浏览信息的主要手段。WWW 是一种交互式图形界面的 Internet 服务，具有强大的信息链接功能。它使得成千上万的用户通过简单的图形界面就可以访问各个大学、组织、公司等的最新信息和各种服务。如果任何人想通过主页向世界介绍自己或自己的组织，就必须将制作好的主页放在一个 Web 服务器上。如果有条件，还可以注册一个域名，申请一个 IP 地址，然后让 ISP 将这个 IP 地址解析到这个 Web 服务器上，这样就可以把自己的主页对外发布了。当然如果不需要对外发布，也可以设置为仅对局域网内的用户开放。

> 现在主流的 Web 服务器软件主要有 IIS 和 Apache 两种。IIS 支持 ASP 且只能运行在 Windows 平台下，Apache 支持 PHP、CGI、JSP 且可运行于多种平台，虽然 Apache 是世界使用排名第一的 Web 服务器平台，但是 Microsoft 公司的产品以易用而出名，IIS 也因此占据了不少的服务器市场。

（一）　安装 IIS

IIS（Internet Information Server）是 Microsoft 公司的操作系统自带的 Web 服务器，安装配置了 IIS 的计算机就可以发布网页。IIS 是一种 Web 服务组件，其中包括 Web 服务器、FTP 服务器、NNTP 服务器和 SMTP 服务器，分别用于网页浏览、文件传输、新闻服务和邮件发送，它使得在网络（包括互联网和局域网）上发布信息成为一件很容易的事。IIS 是随 Windows 服务器一起提供的文件和应用程序服务器，是在 Windows 操作系统上建立 Internet 服务器的基本组件，它与 Windows 服务器操作系统完全集成，允许使用 Windows 服务器内置的安全性以及 NTFS 文件系统建立强大灵活的 Internet/Intranet 站点。

【操作步骤】

1. 选择【开始】/【设置】/【控制面板】命令，双击【添加或删除程序】选项，打开如图 6-1 所示的【添加或删除程序】窗口。
2. 选择左侧栏中的【添加/删除 Windows 组件】选项，出现如图 6-2 所示的【Windows 组件向导】对话框。

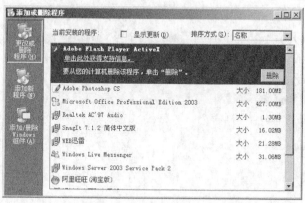

图 6-1　【添加或删除程序】窗口

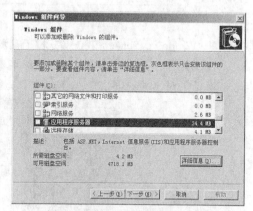

图 6-2　【Windows 组件向导】对话框

3. 在【组件】列表框中选择【应用程序服务器】复选框，然后单击 详细信息(I)... 按钮，出现如图 6-3 所示的【应用程序服务器】对话框。
4. 在子组件中选择【Internet 信息服务（IIS）】复选框，单击 确定 按钮，如图 6-4 所示，此时【应用程序服务器】复选框已被选中。
5. 单击 下一步(N)> 按钮，开始自动配置组件，如图 6-5 所示。
6. 安装过程中会弹出【插入磁盘】对话框，如图 6-6 所示。

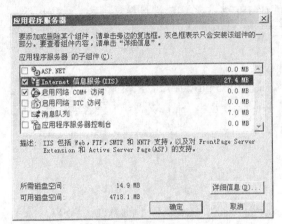

图 6-3　设置应用程序服务器

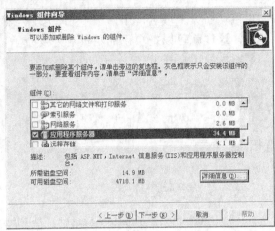

图 6-4　【应用程序服务器】复选框被选中

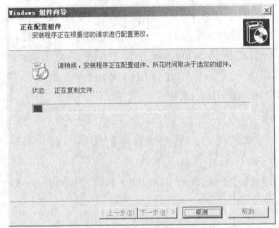

图 6-5　正在配置组件

图 6-6　【插入磁盘】对话框

7. 将 Windows Server 2003 安装光盘放入光驱中，单击 ┃ 确定 ┃ 按钮，系统继续复制文
件。如再次提示插入磁盘，则再次单击 ┃ 确定 ┃ 按钮即可。稍等一会儿，便弹出如图 6-7
所示的对话框，单击 ┃ 完成 ┃ 按钮完成安装。

图 6-7　完成 Windows 组件向导的安装

在安装 IIS 之后，将在安装的计算机上生成"IUSR_Computername"匿名账户，该账户被添加到域用户组中，从而把应用于用户组的访问权限提供给访问 Web 服务器的每个匿名用户。这不仅会给 IIS 带来巨大的潜在危险，而且还可能牵连整个域资源的安全。因此，要尽量避免把 IIS 安装在域控制器上，尤其是主域控制器上。

（二）　使用和管理 IIS

假设已使用网页制作工具制作好了一个小型讨论社区的 ASP 站点，下面就在 IIS 6.0 中定义这个动态的站点并在本机访问它。

【操作步骤】

1. 选择【开始】/【所有程序】/【管理工具】命令，IIS 安装成功之后将在菜单中出现【Internet 信息服务（IIS）管理器】命令，如图 6-8 所示。
2. 选择该命令，出现如图 6-9 所示的【Internet 信息服务（IIS）管理器】窗口。

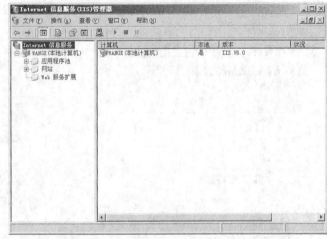

图 6-8　管理工具菜单　　　　　　　　　图 6-9　【Internet 信息服务（IIS）管理器】窗口

3. 在左侧窗口中用鼠标右键单击【网站】选项，在弹出的快捷菜单中选择【新建网站】命令，出现如图 6-10 所示的【网站创建向导】对话框。
4. 单击 下一步(N)> 按钮，弹出如图 6-11 所示的对话框。

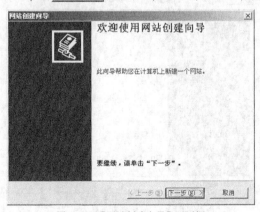

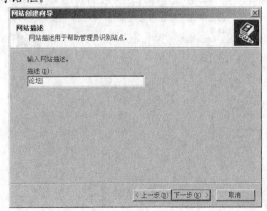

图 6-10　【网站创建向导】对话框　　　　　　图 6-11　网站描述

5. 在【描述】文本框中输入站点名称"论坛"，单击 下一步(N) > 按钮，弹出如图 6-12 所示的对话框。

6. 此处的选项均可保持默认。单击 下一步(N) > 按钮，弹出如图 6-13 所示的对话框。

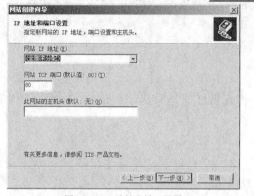

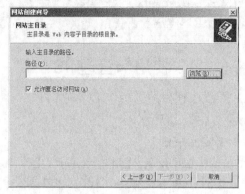

图 6-12　IP 地址和端口设置

图 6-13　网站主目录

7. 单击 浏览(R) 按钮，在打开的【浏览文件夹】对话框中找到已制作好的网站存放目录，如图 6-14 所示。

8. 选择好目录之后单击 确定 按钮，如图 6-15 所示。

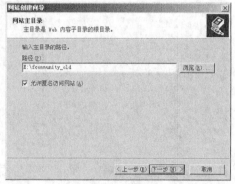

图 6-14　浏览文件夹

图 6-15　主目录路径已选择

9. 单击 下一步(N) > 按钮，弹出如图 6-16 所示的对话框。

10. 本例要创建 ASP 站点，所以需要选择【运行脚本（如 ASP）】复选框，单击 下一步(N) > 按钮，弹出如图 6-17 所示的对话框，单击 完成 按钮即可退出网站创建向导。

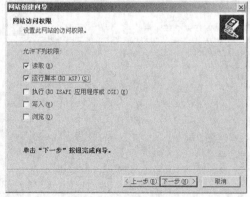

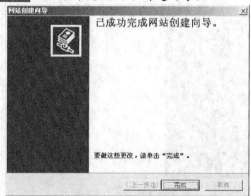

图 6-16　设置访问权限

图 6-17　完成网站创建向导

11. 回到 IIS 管理器，可看到已新增一个名为"论坛（停止）"的网站，如图 6-18 所示。

图 6-18　网站创建成功

12. 用鼠标右键单击左侧窗口中的【论坛（停止）】选项，在弹出的快捷菜单中选择【属性】命令，弹出如图 6-19 所示的【论坛（停止）属性】对话框。

13. 单击 添加(D) 按钮，弹出【添加内容页】对话框，如图 6-20 所示。

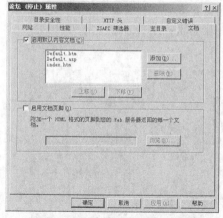

图 6-19　【论坛（停止）属性】对话框

图 6-20　【添加内容页】对话框

14. 输入网站主页文件名，单击 确定 按钮，可见"door.asp"文件已添加至默认文档列表中。为了节省打开网页时的查找时间，单击 上移(U) 按钮将此文件移至列表最顶端，如图 6-21 所示。

15. 单击 确定 按钮回到 IIS 管理器。由于创建的是 ASP 站点，还需要选择左侧窗口中的【Web 服务扩展】选项，然后在右侧窗口中选中【Active Server Pages】选项，并单击 允许 按钮，如图 6-22 所示。

图 6-21　添加默认内容文档

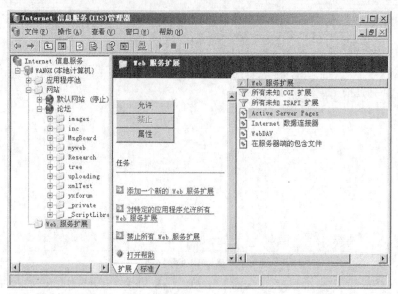

图 6-22 允许 ASP

16. 选中左侧窗口中的【论坛】选项，单击工具栏上的 ▶ 按钮运行这个网站。用鼠标右键单击【论坛】选项，在弹出的快捷菜单中选择【浏览】命令，预览效果如图 6-23 所示。

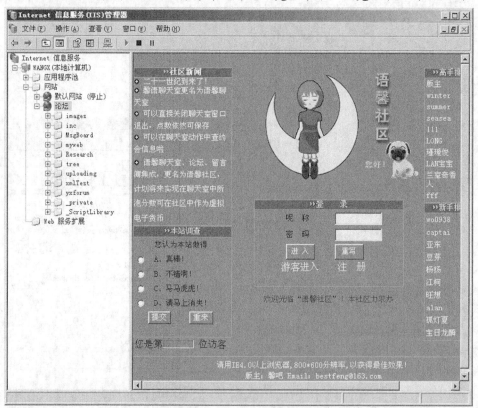

图 6-23 浏览"论坛"网站

17. 此时网站已创建成功，可在本机浏览器中进行浏览。在 IE 浏览器地址栏中输入网站地址"http://localhost"，网站效果如图 6-24 所示。

图 6-24　使用 IE 浏览器浏览"论坛"网站

18. 网站建好之后，还可以通过鼠标右键单击网站名称，在弹出的快捷菜单中选择【属性】命令，在弹出的【论坛属性】对话框中进行管理，如图 6-25 所示，这里不再详述。

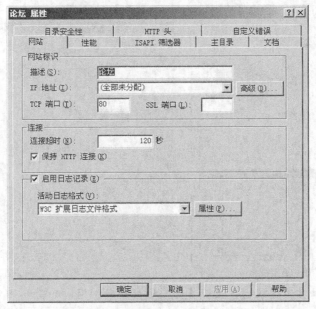

图 6-25　"论坛"网站属性管理

　请读者用 IIS 新建一个网站，并用浏览器进行浏览。

任务二　设置与使用 FTP 服务器

　　FTP（File Transfer Protocol，文件传输协议）是 Internet 上用来传输文件的协议，是为能够在 Internet 上互相传送文件而制定的文件传输标准，规定了 Internet 上的文件如何传输。也就是说，通过 FTP，用户就可以在 Internet 上进行文件的上传（Upload）或下载（Download）等操作。和其他 Internet 应用一样，FTP 也依赖于客户机/服务器关系的概念。在 Internet 上有一些网站，它们依照 FTP 提供服务，让用户进行文件的存取，这些网站就是 FTP 服务器。用户要链接到 FTP 服务器，就要用到 FTP 的客户端软件。通常，Windows 操作系统都自带"ftp"命令，这实际上就是一个命令行的 FTP 客户程序，常用的 FTP 客户程序还有 CuteFTP、Ws_FTP、FTP Explorer 等。要连上某个 FTP 服务器（即"登录"），必须要有该 FTP 服务器的账号，但 Internet 上有很大一部分 FTP 服务器被称为"匿名"（Anonymous）FTP 服务器。这类服务器的目的是向公众提供文件复制服务，因此不要求用户事先在该服务器上进行登记注册。

（一）　安装 FTP 服务器

　　前面已经介绍了 IIS 的安装，本节简单介绍一下如何在 IIS 中添加 FTP 服务器。

【操作步骤】

1.　打开【应用程序服务器】对话框（见图 6-3），选择【Internet 信息服务（IIS）】复选框，单击 详细信息(D)... 按钮，出现如图 6-26 所示的【Internet 信息服务（IIS）】对话框。

2.　拖动滚动条，找到并选择【文件传输协议（FTP）服务】复选框。单击 确定 按钮，弹出如图 6-27 所示的【Windows 组件向导】对话框。

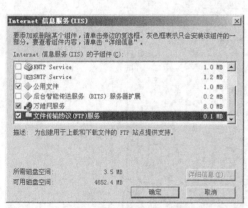

图 6-26　选择 FTP 服务

图 6-27　正在配置组件

3.　此时，系统自动搜索安装盘，出现【插入磁盘】对话框，如图 6-28 所示。

4.　将 Windows Server 2003 安装光盘放入光驱中，单击 确定 按钮，系统自动复制文件，稍等一会儿，出现如图 6-29 所示的对话框。单击 完成 按钮，完成 FTP 服务器的安装。

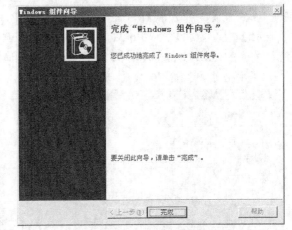

图 6-29　完成 Windows 组件向导

图 6-28　【插入磁盘】对话框

　　　在具有图形用户界面的 WWW 环境普及以前，匿名 FTP 一直是 Internet 上获取信息资源的最主要方式，在 Internet 上成千上万的匿名 FTP 主机中存储着无以计数的文件，这些文件包含了各种各样的信息、数据和软件。人们只要知道特定信息资源的主机地址，　就可以用匿名 FTP 登录并获取所需的信息资料。虽然现在 WWW 环境已取代匿名 FTP 成为最主要的信息查询方式，但是匿名 FTP 仍然是 Internet 上传输分发软件的一种基本方法。

说明

（二）　管理与登录 FTP 站点

　　在 IIS 管理器中，有一个【默认 FTP 站点】，通过修改其属性，可以方便地建立自己的 FTP 站点。如果需要建立的 FTP 站点有很多时，可以另外新建 FTP 站点。下面主要介绍通过修改【默认 FTP 站点】属性的办法来实现 FTP 服务。

【操作步骤】

1.　打开【Internet 信息服务（IIS）管理器】窗口，如图 6-30 所示。

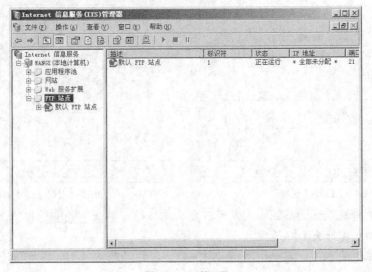

图 6-30　IIS 管理器

2. 在左侧窗口中用鼠标右键单击【默认 FTP 站点】选项，在弹出的快捷菜单中选择【属性】命令，出现如图 6-31 所示的【默认 FTP 站点 属性】对话框。

3. 在 IP 地址栏中选择本机 IP 地址，其余均保持默认设置，单击 应用(A) 按钮，切换到【安全账户】选项卡，出现如图 6-32 所示的对话框。

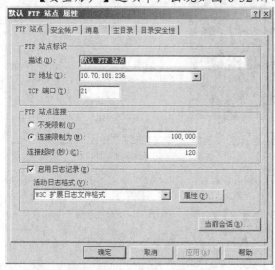
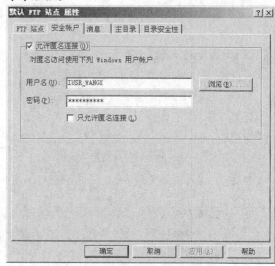

图 6-31　【默认 FTP 站点 属性】对话框　　　　图 6-32　【安全账户】选项卡

4. 如允许匿名连接，则保持默认设置。根据需要可选择【只允许匿名连接】复选框。切换到【消息】选项卡，如图 6-33 所示。

5. 在文本框中根据所建站点内容输入相应内容。单击 应用(A) 按钮，切换到【主目录】选项卡，如图 6-34 所示。

图 6-33　【消息】选项卡　　　　　　　　图 6-34　【主目录】选项卡

6. 本地路径是系统默认的路径，用户可以更改该路径。单击 浏览(B)... 按钮，出现如图 6-35 所示的【浏览文件夹】对话框。

7. 选择【音乐】目录后，单击 确定 按钮，回到【默认 FTP 站点 属性】对话框，如图 6-36 所示。

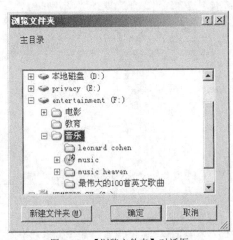

图 6-35 【浏览文件夹】对话框

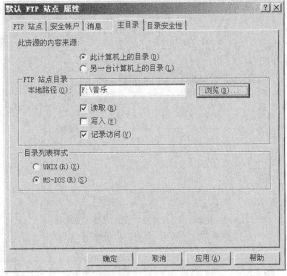

图 6-36 更改本地路径

8. FTP 站点目录权限默认是 "读取" 和 "记录访问"，若需要写入权限，则要选择【写入】复选框。单击 应用(A) 按钮，切换到【目录安全性】选项卡，如图 6-37 所示。

9. 如果这个站点对所有计算机开放，则保持默认设置即可；如果只对一台特定计算机开放，单击 添加(D) 按钮，弹出如图 6-38 所示的【授权访问】对话框。

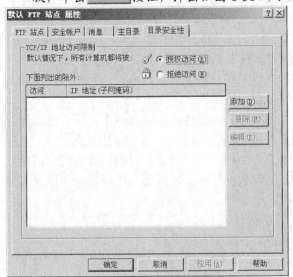

图 6-37 【目录安全性】对话框

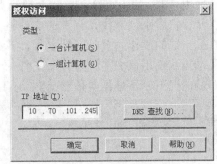

图 6-38 【授权访问】对话框

10. 选择【一台计算机】单选按钮，并输入该计算机的 IP 地址，单击 确定 按钮，如图 6-39 所示。

11. 可以看到【默认情况下，所有计算机都将被：】选项设置已变为 "拒绝访问"，只接受一台特定 IP 地址的计算机访问。单击 确定 按钮结束站点属性的配置。到已被授权访问的计算机上打开浏览器，在地址栏中输入 FTP 服务器的 IP 地址 "ftp://10.70.101.236"，如图 6-40 所示。可见客户机已成功匿名登录到 FTP 服务器，正以目录形式浏览服务器上的内容。

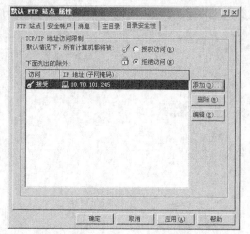

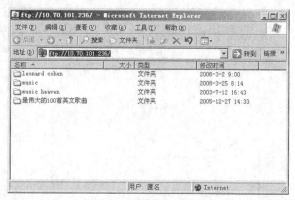

图 6-39　只允许一台计算机访问　　　　　　　图 6-40　成功登录 FTP 服务器

当 FTP 服务器安装有防火墙时将可能导致客户机无法访问服务器。此时需检查防火墙的配置，打开相应的权限，或者关闭防火墙。

【知识链接】

当通过 FTP 连接上远程计算机并试图查看远程计算机的文件目录时，这些文件目录将按原来的格式显示在计算机屏幕上。例如，如果用户登录一台使用 UNIX 操作系统的远程计算机，看到的文件目录结构将是以 UNIX 操作系统的格式显示出来；反之，如果登录一台基于 VMX 的远程计算机，看到的文件目录将以 VMX 格式显示出来。

使用 FTP 最大的问题是，除非预先知道需要获取的文件存放在哪一个文件服务器中；否则将很难找到所需的文件。文件名与文件内容之间有时会有一些联系，有时则可能完全没有联系，所以只靠文件名去判断文件内容经常会产生错误。

使用 FTP 的另一个问题是，难以判断该文件采用什么格式，以及该格式是否适用于自己的计算机。不同操作系统中的文件格式大多数是不同的。因此，当本地计算机采用与远程计算机不同的操作系统时，把远程计算机上的某个文件原样复制到自己的计算机后，可能发现根本无法使用该文件。有时，文件的名称（特别是扩展名）可以提供文件的一些信息，但在很多情况下，还是需要依靠猜测。

请读者配置一台 FTP 服务器，并实现文件的上传和下载。

任务三　设置与使用 DNS 服务器

DNS（Domain Name System，域名系统）用于命名组织到域层次结构中的计算机和网络服务。在 Internet 上域名与 IP 地址之间是一一对应的，域名虽然便于人们记忆，但机器之间只能互相识别 IP 地址，它们之间的转换工作称为域名解析，域名解析需要由专门的域名解析服务器来完成，DNS 就是进行域名解析的服务器。DNS 命名用于 Internet 等使用 TCP/IP 的网络中，以用户容易记忆和识别的友好的名称，在网络上查找计算机和服务。当用户在应用程序中输入 DNS 名称时，DNS 服务器可以将此名称解析为与之相关的其他信息，如 IP 地址。上网时输入的网址，需通过域名解析服务器解析找到相对应的 IP 地址后才能上网。可见，域名的最终指向是 IP 地址。

（一）　安装 DNS 服务器

只要在服务器版本的操作系统上都可以安装 DNS 服务。下面着重介绍在 Windows Server 2003 环境下安装 DNS 服务器。

【操作步骤】

1. 按照前面介绍的方法，打开【Windows 组件向导】对话框，拖动滚动条找到并选择【网络服务】选项，如图 6-41 所示。
2. 单击 详细信息(D)... 按钮，出现如图 6-42 所示的【网络服务】对话框。

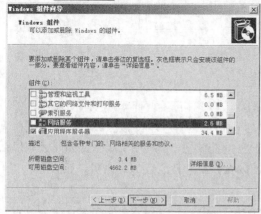

图 6-41　【Windows 组件向导】对话框

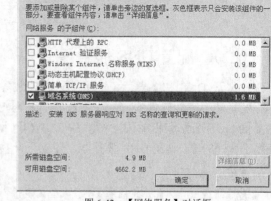

图 6-42　【网络服务】对话框

3. 选择【域名系统（DNS）】复选框，单击 确定 按钮，如图 6-43 所示。可见【网络服务】一项已被打上一个灰底的勾（这表明其子组件被部分选中，如果是白底的勾则说明子组件被全部选中）。
4. 单击 下一步(N) > 按钮，系统开始安装组件，如图 6-44 所示。和前面任务所述类似，当出现【插入磁盘】对话框时插入 Windows Server 2003 安装光盘，系统将会自动安装。

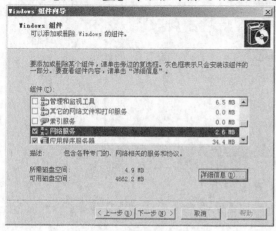

图 6-43　【网络服务】已被选中

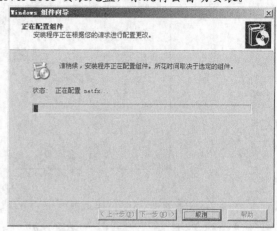

图 6-44　安装组件

5. 系统自动复制文件完毕之后，则成功完成了 Windows 组件向导，如图 6-45 所示，单击
   完成 按钮即可。

图 6-45　完成 Windows 组件向导

（二）　配置 DNS 服务器

安装了 DNS 服务器后，实际上只为该服务器选定了硬件设备。而实现 DNS 服务器的域
名服务功能还需要软件的支持，最重要的是为 DNS 服务器创建区域。该区域是一个数据库，
它提供 DNS 名称和相关数据，如 IP 地址和网络服务间的映射。为 DNS 服务器创建区域包括
使用 DNS 管理工具在 DNS 服务器上建立正向搜索区域、反向搜索区域、主机、指针等。

【操作步骤】

1. 选择【开始】/【所有程序】/【管理工具】/【DNS】命令，打开 DNS 管理窗口，如图 6-46
   所示。

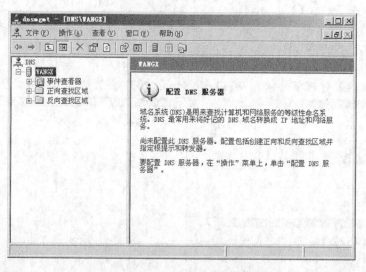

图 6-46　DNS 管理窗口

2. 用鼠标右键单击 DNS 服务器名称，在弹出的快捷菜单中选择【新建区域】命令，打开
   【新建区域向导】对话框，如图 6-47 所示。

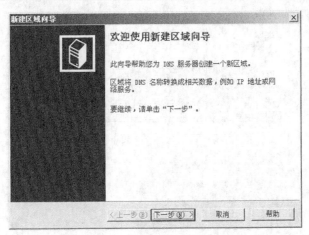

图 6-47　【新建区域向导】对话框

3. 单击 下一步(N) > 按钮，如图 6-48 所示。

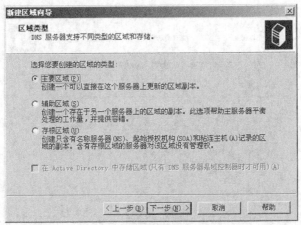

图 6-48　区域类型

4. 保持默认设置，选择【主要区域】单选按钮即可，单击 下一步(N) > 按钮，如图 6-49 所示，选择【正向查找区域】单选按钮，单击 下一步(N) > 按钮。

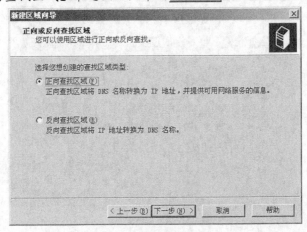

图 6-49　正向或反向查找区域

5. 在【区域名称】文本框中输入已申请好的域名，如 "zjwi.cn"，如图 6-50 所示。

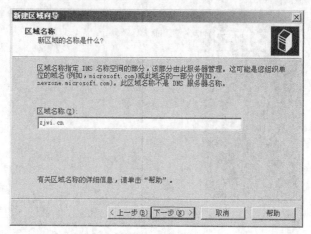

图 6-50　区域名称

6. 单击 下一步(N) > 按钮，如图 6-51 所示。

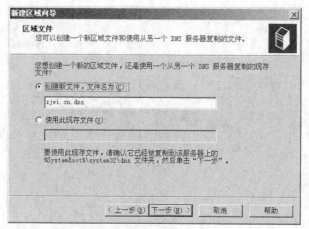

图 6-51　区域文件

7. 保持默认设置即可，单击 下一步(N) > 按钮，如图 6-52 所示。

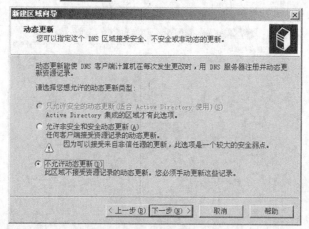

图 6-52　动态更新

8. 如需动态更新，选择【允许非安全和安全动态更新】单选按钮即可。本例保持默认选项，单击 下一步(N) > 按钮，如图 6-53 所示。

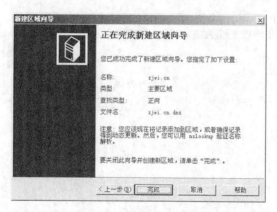

图 6-53　完成新建区域向导

9. 单击 完成 按钮，回到 DNS 管理窗口，可以看到在正向查找区域已经成功新建了一个新区域 "zjwi.cn"，如图 6-54 所示。

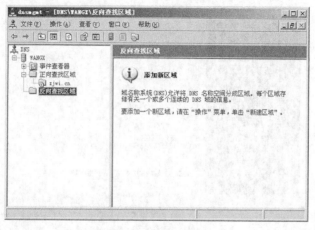

图 6-54　成功新建区域

10. 用鼠标右键单击左侧窗口中的【反向查找区域】选项，在弹出的快捷菜单中选择【新建区域】命令，出现【新建区域向导】对话框。前面几个对话框的选项均和新建正向区域时相同，当出现如图 6-55 所示的对话框时，在【网络 ID】单选按钮下方的文本框中输入 DNS 服务器 IP 地址的前 3 位数字。

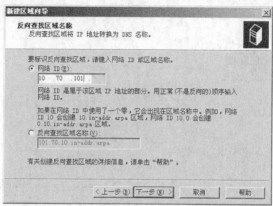

图 6-55　反向查找区域名称

11. 单击 下一步(N) > 按钮，如图 6-56 所示。

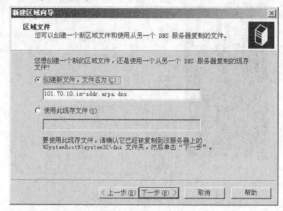

图 6-56　区域文件

12. 保持默认设置，单击 下一步(N) > 按钮，如图 6-57 所示。

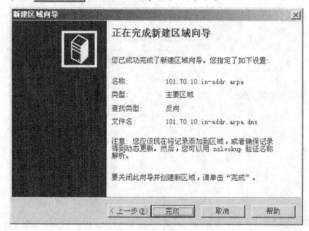

图 6-57　完成新建区域向导

13. 单击 完成 按钮，回到 DNS 管理窗口，可以看到在反向查找区域已经成功新建了一个新区域"10.70.101.x Subnet"，如图 6-58 所示。

图 6-58　成功新建反向区域

14. 用鼠标右键单击新建的正向搜索区域，在弹出的快捷菜单中选择【新建主机】命令，打开【新建主机】对话框，如图 6-59 所示。

15. 如要建立一台 WWW 主机，则在【名称】文本框中输入 "www"，并在【IP 地址】文本框中输入 Web 服务器的 IP 地址。单击 添加主机(H) 按钮，打开【新建资源记录】对话框，如图 6-60 所示。单击 确定 按钮即可。

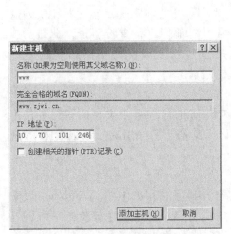

图 6-59　【新建主机】对话框

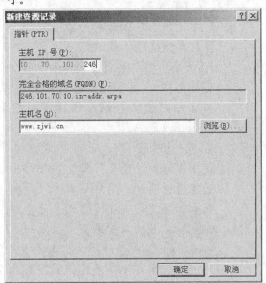

图 6-60　【新建资源记录】对话框

项目实训　在一台服务器上设置两个 Web 站点

通过以上任务的介绍，读者应基本掌握了在 Windows Server 2003 环境下安装使用 IIS 以及安装设置 DNS 服务器的方法。下面通过实训来巩固和提高所学到的知识。

【实训目的】

通过在一台服务器上对 IIS 以及 DNS 进行设置，安装两个 Web 站点，并通过两个不同的域名分别进行访问。从实践中掌握在 Windows Server 2003 环境下的 Web 站点架设以及 DNS 服务器的安装配置等一系列知识点。

【实训要求】

在一台服务器上建立两个不同的网站，并通过不同域名进行访问。

【操作步骤】

1. 安装 DNS 服务器，建立两个 WWW 主机。

2. 在 Web 服务器上利用 IIS 创建两个网站。

3. 两个网站若使用相同地址、相同端口，则只能启用一个。需要设置不同的主机头名，才能够分别通过域名对其进行访问。在 IIS 管理器中分别打开两个网站的属性对话框，在【网站】选项卡中单击 高级(D) 按钮，在【高级网站标识】对话框中单击 编辑(E)... 按钮，在【添加/编辑网站标识】对话框中的【主机头值】文本框中输入域名。

4. 在浏览器地址栏中输入两个网站的域名即可分别访问两个网站。

项目拓展 解决常见问题

(1) 浏览网站出现错误信息

用 IIS 建站之后，浏览网站出现错误信息："HTTP 错误 401.2 - 未经授权：访问由于服务器配置被拒绝"

IIS 支持以下几种 Web 身份验证方法。

- 匿名身份验证

  IIS 创建"IUSR_计算机名称"账户（其中"计算机名称"是正在运行 IIS 的服务器名称），用于在匿名用户请求 Web 服务时对他们进行身份验证。此账户被授予用户本地登录权限，可以将匿名用户访问权限重置为使用任何有效的 Windows 账户。

- 基本身份验证

  使用基本身份验证可限制对 NTFS 文件系统的 Web 服务器上文件的访问。使用基本身份验证，用户必须输入凭据，而且访问是基于用户 ID 的。用户 ID 和密码都以明文形式在网络间进行发送。

- Windows 集成身份验证

  Windows 集成身份验证比基本身份验证安全，而且在用户具有 Windows 域账户的内部网环境中能很好地发挥作用。在集成的 Windows 身份验证中，浏览器尝试使用当前用户在域登录过程中使用的凭据，如果尝试失败，就会提示该用户输入用户名和密码。如果使用集成的 Windows 身份验证，则用户的密码将不传送到服务器。如果该用户作为域用户登录到本地计算机，则他在访问此域中的网络计算机时不必再次进行身份验证。

- 摘要身份验证

  摘要身份验证克服了基本身份验证的许多缺点。在使用摘要身份验证时，密码不是以明文形式发送的。另外，可以通过代理服务器使用摘要身份验证。摘要身份验证使用一种挑战/响应机制（集成 Windows 身份验证使用的机制），其中的密码是以加密形式发送的。

- .NET Passport 身份验证

  Microsoft .NET Passport 是一项用户身份验证服务，它允许单一签入的安全性，可使用户在访问启用了.NET Passport 的 Web 站点和服务时更加安全。启用了.NET Passport 的站点会依靠.NET Passport 中央服务器来对用户进行身份验证。但是，该中心服务器不会授权或拒绝特定用户访问各个启用了.NET Passport 的站点。

  当出现该错误提示时，可以根据需要配置不同的身份认证（一般为匿名身份认证，这是大多数站点使用的认证方法）。认证选项在 IIS 的属性/安全性/身份验证和访问控制下配置。

(2) 如何查询我的域名目前的 DNS 服务器

进入 MS-DOS 界面。

① 输入"nslookup"，按 Enter 键。

② 输入 "set type=ns"，按 Enter 键。

③ 输入域名（不带 www 的，如 "abc.com"），按 Enter 键，可以看到列出至少一个 "nameserver = x.x.x.x"，这就是域名现在使用的 DNS 服务器。

项目小结

本项目主要介绍了 IIS 中 Web 和 FTP 服务器的架设，以及 DNS 服务器的安装和设置。本项目分为三个任务：第一、二个任务是在 IIS 6.0 中创建 Web 和 FTP 服务器，第三个任务是 DNS 服务器的安装与配置。完成了这三个任务之后就可以在局域网内提供一些基本服务了。希望读者通过这三个任务的学习，增强实际动手能力，能够在局域网内组建 Web、FTP 以及 DNS 服务器。

思考与练习

一、填空题

1. Web 网站默认的端口号是_____。

2. FTP 是一个通过 Internet 传输_____的系统。

二、选择题

1. 关于 Internet 中的 WWW 服务，以下哪种说法是错误的（　　）。

    A. WWW 服务器中存储的通常是符合 HTML 规范的结构化文档

    B. WWW 服务器必须具有创建和编辑 Web 页面的功能

    C. WWW 客户端程序也被称为 WWW 浏览器

    D. WWW 服务器也被称为 Web 站点

2. 如果没有特殊声明，匿名 FTP 服务登录账号是（　　）。

    A. user　　　　B. anonymous　　　　C. guest　　　　D. 用户自己的电子邮件地址

三、简答题

1. 如何建立一个 Web 服务器？

2. 什么叫 "上传"？什么叫 "下载"？

四、操作题

1. 在一台计算机上建立一个 Web 站点和一个 FTP 站点，并在本机内用 IE 浏览器访问。

2. 安装一台 DNS 服务器。

项目七

局域网管理与故障诊断

随着计算机技术和 Internet 的发展，政府和企业部门开始大规模地建立网络来推动电子政务和商务的发展。伴随着网络业务和应用的丰富，对计算机网络的管理与维护也就变得至关重要。人们普遍认为，网络管理是计算机网络的关键技术之一，在大型计算机网络中更是如此。网络管理是监督、组织和控制网络通信服务以及信息处理所必需的各种活动的总称。其目标是确保计算机网络的持续正常运行，并在计算机网络运行出现异常时能及时响应和排除故障。

目前，关于网络管理的定义很多，但都不够权威。一般来说，网络管理就是通过某种方式对网络进行管理，使网络能正常高效地运行。其目的很明确，就是使网络中的资源得到更加有效的利用。通过网络管理维护网络的正常运行，当网络出现故障时能及时报告和处理，并协调、保持网络系统的高效运行等。国际标准化组织（ISO）在 ISO/IEC7498-4 中定义并描述了开放系统互连（OSI）管理的术语和概念，提出了一个 OSI 管理的结构并描述了 OSI 管理应有的行为。它认为，开放系统互连管理是指这样一些功能，它们控制、协调、监视 OSI 环境下的一些资源，这些资源将保证 OSI 环境下的通信。

要想进行有效的网络管理，必须具备一定的计算机应用及网络基础知识。因为网络管理，尤其是网络故障诊断是一项系统工程，通常需要经过定义问题、搜集事实、基于事实考虑可能性、建立行动计划、实施计划等步骤，才能准确地找到问题并加以解决。本项目就介绍几个常用的网络管理以及故障诊断工具。

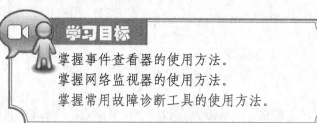

学习目标

掌握事件查看器的使用方法。
掌握网络监视器的使用方法。
掌握常用故障诊断工具的使用方法。

任务一 使用事件查看器

Microsoft 公司在以 Windows NT 为内核的操作系统中集成有事件查看器，这些操作系统包括 Windows 2000/NT/XP/Server 2003 等。事件查看器可以完成许多工作，例如审核系统事件和存放系统、安全及应用程序日志等。系统日志中存放了 Windows 操作系统产生的信息、警告或错误。通过查看这些信息、警告或错误，用户不但可以了解到某项功能配置或运行成功的信息，还可以了解到系统的某些功能运行失败或变得不稳定的原因。安全日志中存放了审核事件是否成功的信息。通过查看这些信息，可以了解到这些安全审核结果是成功还是失败。应用程序日志中存放应用程序产生的信息、警告或错误。通过查看这些信息、警告或错误，可以了解到哪些应用程序成功运行，产生了哪些错误或者潜在错误。程序开发人员可以利用这些资源来改善应用程序。

　　安全日志只有系统管理员才有权查看，在默认情况下处于关闭状态。如果需要查看，可以使用组策略来激活它。

（一）　查看事件日志

　　定期查看事件日志是网络管理员的一项重要工作，通过对服务器事件日志的查看和分析，管理员可以发现并及时解决网络中存在的问题。在 Windows Server 2003 操作系统中，所有事件将按照发生的时间先后顺序被记录下来，通过事件查看器就可以进行刷新事件日志、查看事件与其详细信息以及查找某个特定事件等操作。下面以"应用程序日志"为例，介绍查看日志的操作步骤。

【操作步骤】

1. 选择【开始】/【所有程序】/【管理工具】命令，在打开的【事件查看器】窗口中选择【事件查看器】选项，如图 7-1 所示。

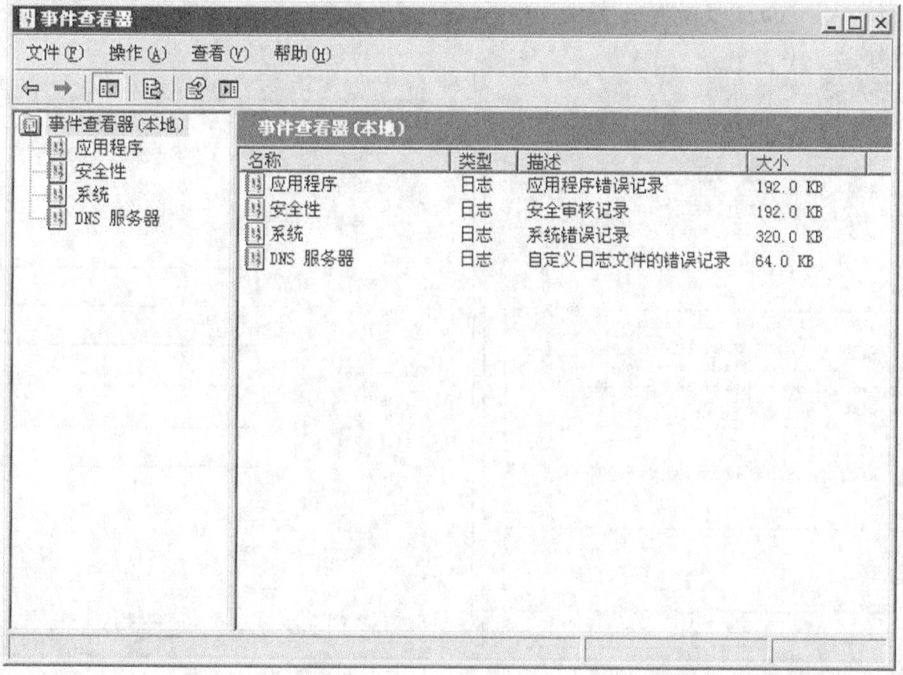

图 7-1　【事件查看器】窗口

2. 单击左侧窗口中的【应用程序】选项，在右侧窗口中出现应用程序事件日志，如图 7-2 所示。若要查看最新日志，可用鼠标右键单击【应用程序】选项，在弹出的快捷菜单中选择【刷新】命令。

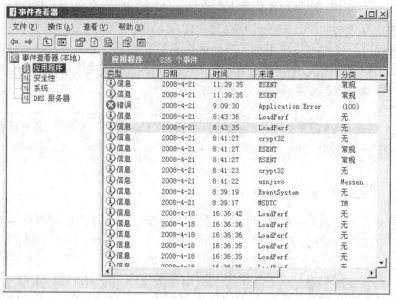

图 7-2　应用程序事件日志

3. 要查看事件详细信息，可双击该事件信息，弹出如图 7-3 所示的【事件 属性】对话框。

4. 若要查找某些事件，可以选择菜单栏中的【查看】/【查找】命令，弹出如图 7-4 所示的【在本地 应用程序 上查找】对话框。用户可根据需要在各文本框中选择或输入查找条件，按 Enter 键后开始查找。找到后，事件列表中的光标将定位在第一个符合条件的事件上。单击 查找下一个(F) 按钮，继续查找下一个符合条件的事件。

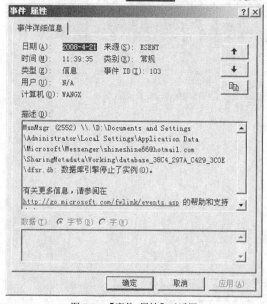

图 7-3　【事件 属性】对话框

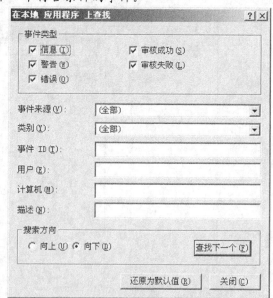

图 7-4　【在本地 应用程序 上查找】对话框

查到导致系统问题的事件后，需要找到解决它们的办法。查找解决这些问题的方法主要可以通过两个途径：Microsoft 公司在线技术支持知识库以及 Eventid.net 网站。

（二）　管理事件日志

网络管理员除了定期查看系统事件日志外，还需要对日志进行管理。主要的管理操作有约束事件日志文件的大小、保存事件日志、打开保存过的事件日志、清除事件日志等。

【操作步骤】

1. 在【事件查看器】窗口（见图 7-2）的左侧窗口中，用鼠标右键单击【应用程序】选项，在弹出的快捷菜单中选择【属性】命令，打开如图 7-5 所示的【应用程序 属性】对话框。

2. 在【日志大小】栏中可以限制日志大小的上限，也可以选择达到日志上限时采取的操作。切换到【筛选器】选项卡，如图 7-6 所示。在此处可以设置事件日志所记录事件的属性。设置好属性以后将只记录符合条件的事件。

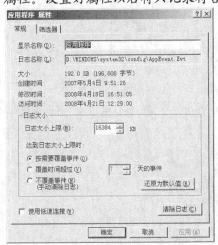
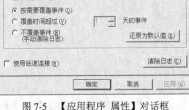

图 7-5　【应用程序 属性】对话框　　　　　　　　图 7-6　【筛选器】选项卡

3. 事件日志还可以保存成文件。在【事件查看器】窗口（见图 7-2）的左侧窗口中，用鼠标右键单击【应用程序】选项，在弹出的快捷菜单中选择【保存日志文件】命令，弹出如图 7-7 所示的【将"应用程序"另存为】对话框，将日志保存在相应的文件夹中。

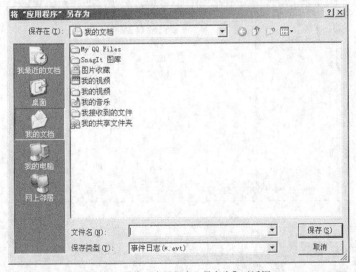

图 7-7　【将"应用程序"另存为】对话框

4. 在【应用程序】快捷菜单中还可以选择【打开日志文件】命令。打开如图 7-8 所示的
【打开】对话框，可以选择日志保存的路径并将其打开。

图 7-8 【打开】对话框

5. 在【应用程序】快捷菜单中选择【清除所有事件】命令，打开如图 7-9 所示的【事件查
看器】对话框。

图 7-9 【事件查看器】对话框

6. 如需保存该日志，单击 是(Y) 按钮；如不需要保存，单击 否(N) 按钮。清除完成
之后，【事件查看器】窗口如图 7-10 所示，【应用程序】日志中显示已没有事件。

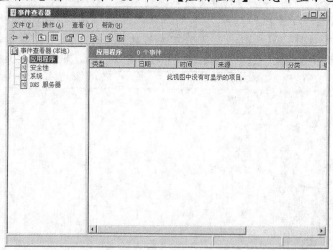

图 7-10 日志已清空

 请读者打开【事件查看器】窗口，并练习对日志进行各种操作。

任务二 使用网络监视器

网络监视器是 Windows 服务器自带的一个功能组件，它能够捕获和显示本地服务器所处网络中的数据包。使用网络监视器，可以识别出某些有助于预防或解决问题的模式，从而收集这些信息来帮助网络平稳地运行。网络监视器提供了有关网络通信的信息，这些信息进出于所在计算机的网卡。通过捕获并分析这些信息，可以预防、诊断和解决多种网络问题。用户可以配置网络监视器，使其提供某些特定类型的信息。例如，用户可以设置触发器，让网络监视器在发生某种或某些情况时开始或停止捕获信息；还可以设置筛选程序，以便控制网络监视器捕获或显示的信息类型。为了使信息分析更加简便，用户可以修改信息在屏幕上的显示方式，还可以保存或打印信息以供日后查看。网络监视器所提供的信息来自网络通信本身，以帧为单位。这些帧包含的信息包括发出帧的源计算机地址、接收帧的目标计算机地址以及帧中的协议等。

（一） 安装网络监视器

在 Windows Server 2003 操作系统的默认安装模式中，并没有将网络监视器安装到操作系统中，需要手动添加网络监视器。

【操作步骤】

1. 打开【Windows 组件向导】对话框，如图 7-11 所示。
2. 拖动滚动条，找到并选择【管理和监视工具】复选框，单击 详细信息(D)... 按钮，出现如图 7-12 所示的【管理和监视工具】对话框。

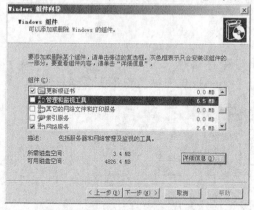

图 7-11 【Windows 组件向导】对话框

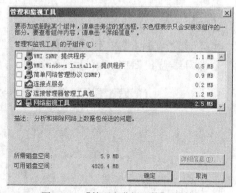

图 7-12 【管理和监视工具】对话框

3. 选择【网络监视工具】复选框，单击 确定 按钮，出现如图 7-13 所示的【插入磁盘】对话框。

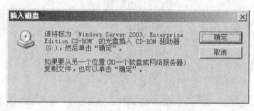

图 7-13 【插入磁盘】对话框

4. 将 Windows Server 2003 安装光盘放入光驱中，单击[确定]按钮，系统自动复制文件，稍等一会儿，弹出如图 7-14 所示的对话框。单击[完成]按钮，完成网络监视器的安装。

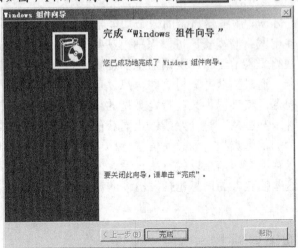

图 7-14 完成 Windows 组件向导

在计算机使用率低的时候，较短时间地运行网络监视器，可以减少网络监视器对计算机性能的影响。

（二） 使用网络监视器

安装完毕之后就可以设置并使用网络监视器了。作为网络管理员，需要通过网络监视器及时了解、掌握和分析网络中发生的各种情况和问题。

【操作步骤】

1. 选择【开始】/【所有程序】/【管理工具】命令，选择【网络监视器】选项。第一次运行网络监视器时，将出现如图 7-15 所示的【Microsoft 网络监视器】对话框。

图 7-15 指定网络提示

2. 单击[确定]按钮，出现如图 7-16 所示的【选择一个网络】对话框。

图 7-16 【选择一个网络】对话框

3. 选中【本地连接】选项，单击 [确定] 按钮，出现如图 7-17 所示的网络监视器窗口。

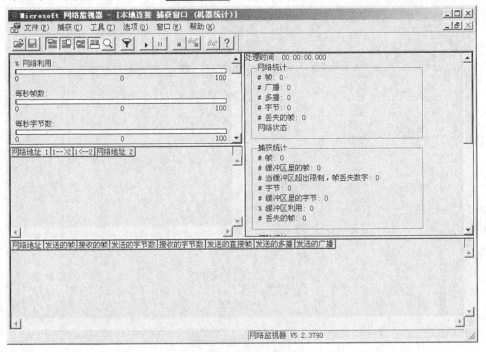

图 7-17　网络监视器窗口

4. 单击工具栏中的 ▶ 按钮，网络监视器开始运行，如图 7-18 所示。网络监视器提供了"网络利用"、"每秒帧数"、"每秒字节数"、"每秒广播数"等网络通信监控功能，这些参数对于网络故障的排除和网络监控具有重要的作用。

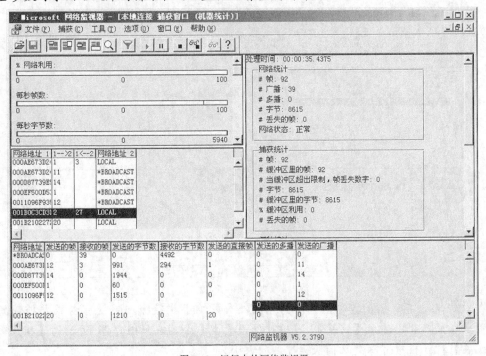

图 7-18　运行中的网络监视器

5. 选择菜单栏中的【捕获】/【停止且查看】命令，出现如图 7-19 所示的窗口。

图 7-19 查看捕获的数据

6. 双击其中的一个帧，可以看到其详细信息，如图 7-20 所示。

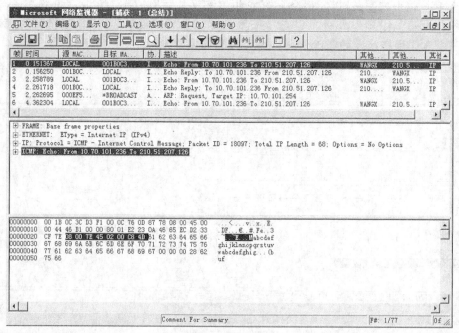

图 7-20 帧详细信息

7. 在默认情况下，捕获缓冲区大小为 1M，如果缩小捕获缓冲区就可以减少捕获的数据量。在菜单栏中选择【捕获】/【缓冲区设置】命令，在如图 7-21 所示的【捕获缓冲区设置】对话框中可以更改捕获缓冲区的大小。

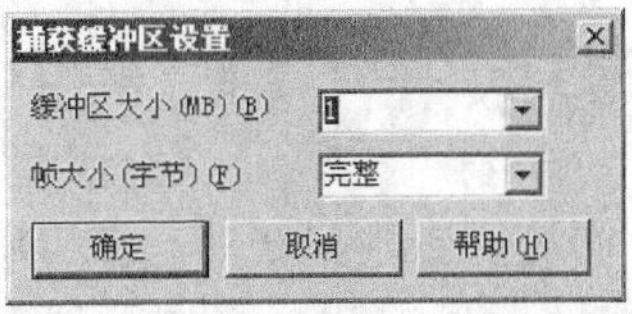

图 7-21　【捕获缓冲区设置】对话框

设置了捕获缓冲区后，网络监视器将保留与捕获缓冲区大小相同的磁盘空间。如果没有足够的可用磁盘空间，系统将会给出错误提示。

【知识链接】

用户在使用网络监视器时，需要了解"广播风暴"是怎样形成的。而要了解广播风暴的形成，就需要先了解帧的传输方式，即单播帧（Unicast Frame）、多播帧（Multicast Frame）和广播帧（Broadcast Frame）。

单播帧

单播帧也称"点对点"通信。此时帧的接收和传递只在两个节点之间进行，帧的目的 MAC 地址就是对方的 MAC 地址，网络设备（指交换机和路由器）根据帧中的目的 MAC 地址，将帧转发出去。

多播帧

多播帧可以理解为一个人向多个人（但不是在场的所有人）说话，这样能够提高通话的效率。多播帧占网络中的比重并不大，主要应用于网络设备内部通信、网上视频会议、网上视频点播等。

广播帧

广播帧可以理解为一个人对在场的所有人说话，这样做的好处是通话效率高，信息可以迅速地传递到全体用户。在广播帧中，帧头中的目的 MAC 地址是"FF.FF.FF.FF.FF.FF"，代表网络上所有主机网卡的 MAC 地址。

广播帧在网络中是必不可少的。例如，客户机通过 DHCP 自动获得 IP 地址的过程就是通过广播帧来实现的。而且，由于设备之间也需要相互通信，因此在网络中即使没有用户人为地发送广播帧，网络上也会自动出现一定数量的广播帧。

同单播帧和多播帧相比，广播帧几乎占用了子网内网络的所有带宽。网络中不能长时间出现大量的广播帧，否则就会出现所谓的"广播风暴"（每秒的广播帧数在 1 000 以上）。广播风暴是由于网络长时间被大量的广播数据包所占用，使正常的点对点通信无法正常进行，其外在表现为网络速度奇慢无比。出现广播风暴的原因有很多，一块故障网卡就可能长时间地在网络上发送广播包而导致广播风暴。

使用路由器或三层交换机能够实现在不同子网间隔离广播风暴。当路由器或三层交换机收到广播帧时，并不对其进行处理，使它无法再传递到其他子网中，从而达到隔离广播风暴的目的。因此在由几百台甚至上千台计算机构成的大中型局域网中，为了隔离广播风暴，都要进行子网划分。

请读者安装并运行网络监视器，尝试设置捕获触发器。

任务三 使用常用故障诊断工具

虽然 Windows 操作系统使人们可以告别呆板单一的 DOS 界面，不过并没有真正地抛弃这种基于 DOS 命令行模式的操作。服务器和网络的管理人员需要精通用命令行管理网络的方法，因为使用命令行方式可以减少资源占用，减少网络消耗，并且使命令更加自动化。命令行能完成的操作，图形化操作未必可以完成；而图形化操作可以实现的，命令行指令也一样可以做到。下面就介绍几个常用的网络维护命令。

【操作步骤】

1. 选择【开始】/【运行】命令，在【打开】下拉列表框中输入 "cmd"，在出现的窗口中输入 "ipconfig/?" 即可获得 ipconfig 的使用帮助。输入 "ipconfig/all" 可获得 IP 配置的所有属性，如图 7-22 所示。

> 使用 ipconfig 命令可以检查网络接口配置。如果用户系统不能到达远程主机，而同一系统的其他主机可以到达，那么用该命令对这种故障进行判断很有必要。当主机系统能到达远程主机但不能到达本地子网中的其他主机时，表示子网掩码设置有问题，进行修改后故障便不会再出现。

```
D:\WINDOWS\system32\cmd.exe

Microsoft Windows [版本 5.2.3790]
<C> 版权所有 1985-2003 Microsoft Corp.

D:\Documents and Settings\Administrator>ipconfig /all

Windows IP Configuration

        Host Name . . . . . . . . . . . . : wangx
        Primary Dns Suffix  . . . . . . . :
        Node Type . . . . . . . . . . . . : Unknown
        IP Routing Enabled. . . . . . . . : No
        WINS Proxy Enabled. . . . . . . . : No

Ethernet adapter 本地连接:

        Connection-specific DNS Suffix  . :
        Description . . . . . . . . . . . : Intel(R) PRO/100 VE Network Connection
        Physical Address. . . . . . . . . : 00-0C-76-0D-87-78
        DHCP Enabled. . . . . . . . . . . : No
        IP Address. . . . . . . . . . . . : 10.70.101.236
        Subnet Mask . . . . . . . . . . . : 255.255.255.0
        Default Gateway . . . . . . . . . : 10.70.101.254
        DNS Servers . . . . . . . . . . . : 221.6.4.66

D:\Documents and Settings\Administrator>
```

图 7-22 ipconfig 命令

2. Ping 命令在检查网络故障时使用广泛。远程用户经常会反映其主机有故障，例如不能对一个或几个远程系统进行登录、发电子邮件或不能做实时业务等。这时 Ping 命令就是一个很有用的工具。该命令的包长小，网上传递速度非常快，可快速检测要连接的站点是否可达。它的使用格式是在命令提示符下输入 "Ping IP 地址或主机名"，执行结果显示响应时间。Ping 命令后还有许多参数，具体参数的意义可参考技术指南，如图 7-23 所示。

3. 地址解析协议（ARP）允许主机查找同一物理网络上的主机的媒体访问控制（MAC）地址，如果给出后者的 IP 地址，为使 ARP 更加有效，每个计算机缓存 IP 到 MAC 地址的映射关系以消除重复的 ARP 广播请求。可以使用 ARP 命令查看和修改本地计算机上的 ARP 表项。ARP 命令对于查看 ARP 缓存和解决地址解析问题非常有用，如图 7-24 所示。

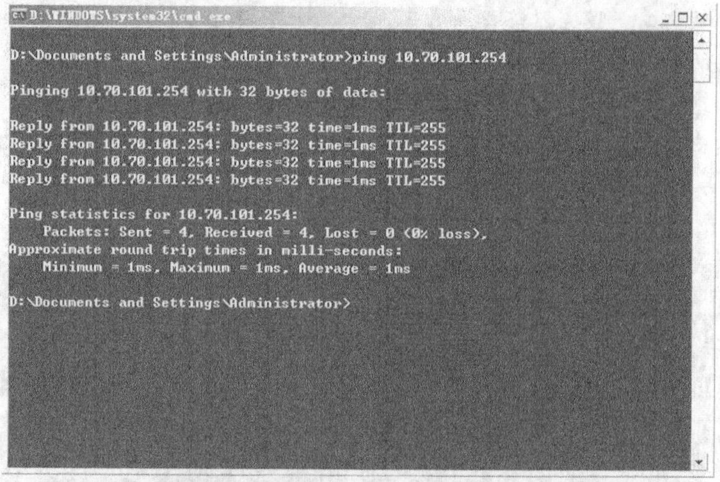

图 7-23　Ping 命令

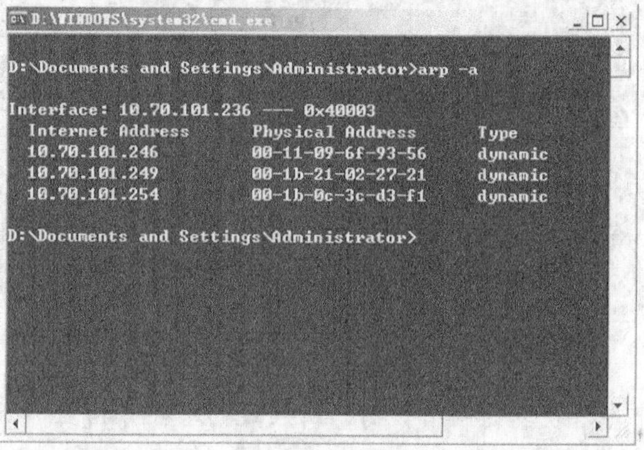

图 7-24　ARP–a 命令

4. Nbtstat 诊断命令使用 NBT（TCP/IP 上的 NetBIOS）显示协议统计和当前 TCP/IP 连接。
"nbtstat –n"命令用于列出本地 NetBIOS 名称。【registered】信息表明该名称已被广播
（Bnode）或者 WINS（其他节点类型）注册，如图 7-25 所示。

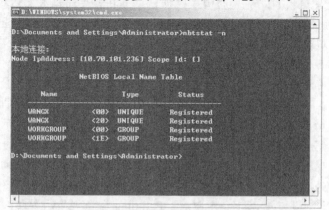

图 7-25　Nbtstat–n 命令

5. Netstat 命令用于显示协议统计和当前的 TCP/IP 网络连接。"netstat –a"命令用于显示所

有连接和侦听端口，服务器连接通常不显示，如图 7-26 所示。此命令可以显示出计算机当前所开放的所有端口，其中包括 TCP 端口和 UDP 端口。有经验的管理员会经常使用它，以此来查看计算机的系统服务是否正常，是否被入侵者留下后门等。这个参数同时还会显示出与当前计算机相连接的 IP 地址，所以也是一种实时入侵检测工具，如发现有 IP 连接着不正常的端口，也可以及时实行有效对策。

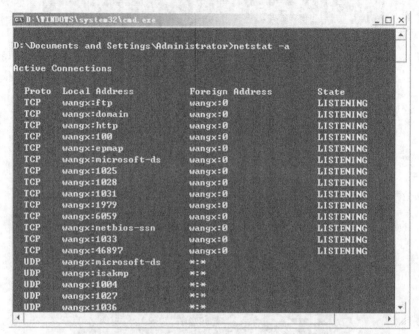

图 7-26　Netstat–a 命令

6. Tracert 命令用于查看获取的网络数据、所经过的路径并指明哪个路由器在浪费宝贵的时间。该诊断实用程序将包含不同生存时间（TTL）值的 Internet 控制消息协议（ICMP）回显数据包发送到目标，以决定到达目标采用的路由。在转发数据包上的 TTL 之前至少递减 1，需经过路径上的每个路由器，所以 TTL 是有效的跃点计数。数据包上的 TTL 到达 0 时，路由器应该将"ICMP 已超时"的消息发送回源系统。Tracert 命令先发送 TTL 为 1 的回显数据包，并在随后的每次发送过程中将 TTL 递增 1，直到目标响应或 TTL 达到最大值，从而确定路由。路由通过检查中级路由器发送回的"ICMP 已超时"的消息来确定路由。不过，有些路由器悄悄地下传包含过期 TTL 值的数据包，而 Tracert 命令看不到，如图 7-27 所示。

7. Pathping 命令用于提供有关在源和目标之间的中间跃点处网络滞后和网络丢失的信息。Pathping 命令在一段时间内将多个回响请求消息发送到源和目标之间的各个路由器，然后根据各个路由器返回的数据包计算结果。因为 Pathping 命令显示在任何特定路由器或链接处的数据包的丢失程度，所以用户可据此确定存在网络问题的路由器或子网。Pathping 命令通过识别路径上的路由器来执行与 Tracert 命令相同的功能。然后，该命令在一段指定的时间内定期将 Ping 命令发送到所有的路由器，并根据每个路由器的返回数值生成统计结果。如果不指定参数，Pathping 命令则显示帮助，如图 7-28 所示。

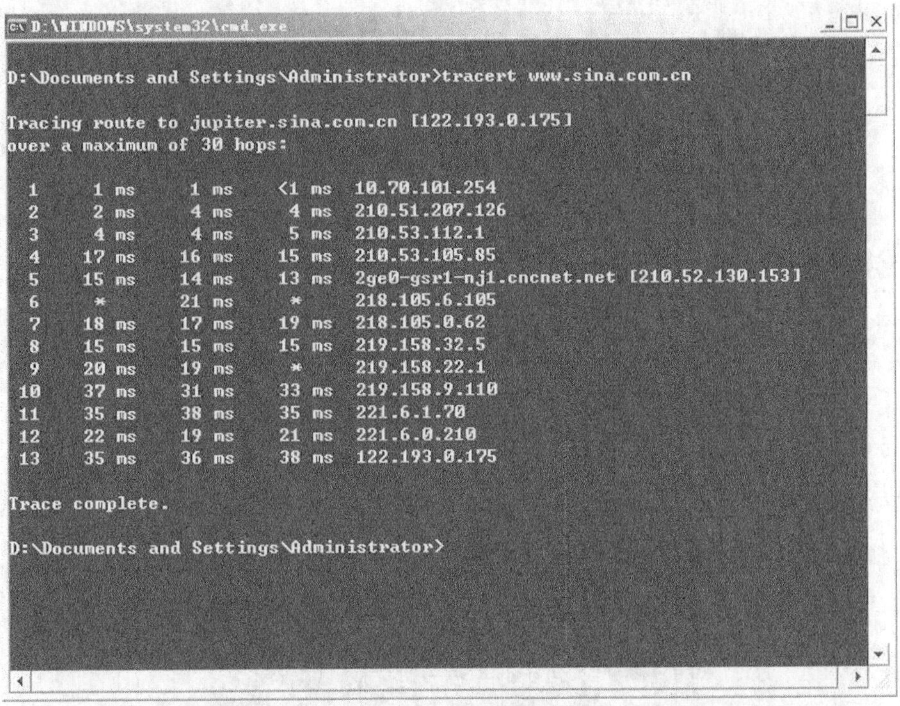

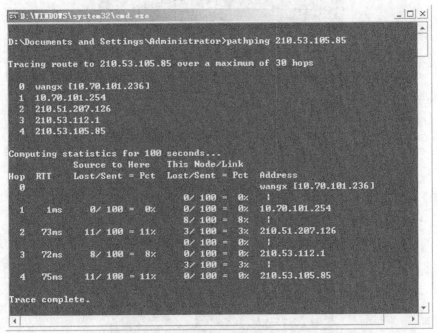

```
D:\WINDOWS\system32\cmd.exe

D:\Documents and Settings\Administrator>tracert www.sina.com.cn

Tracing route to jupiter.sina.com.cn [122.193.0.175]
over a maximum of 30 hops:

  1     1 ms     1 ms    <1 ms  10.70.101.254
  2     2 ms     4 ms     4 ms  210.51.207.126
  3     4 ms     4 ms     5 ms  210.53.112.1
  4    17 ms    16 ms    15 ms  210.53.105.85
  5    15 ms    14 ms    13 ms  2ge0-gsr1-nj1.cncnet.net [210.52.130.153]
  6     *       21 ms     *     218.105.6.105
  7    18 ms    17 ms    19 ms  218.105.0.62
  8    15 ms    15 ms    15 ms  219.158.32.5
  9    20 ms    19 ms     *     219.158.22.1
 10    37 ms    31 ms    33 ms  219.158.9.110
 11    35 ms    38 ms    35 ms  221.6.1.70
 12    22 ms    19 ms    21 ms  221.6.0.210
 13    35 ms    36 ms    38 ms  122.193.0.175

Trace complete.

D:\Documents and Settings\Administrator>
```

图 7-27　Tracert 命令

```
D:\WINDOWS\system32\cmd.exe

D:\Documents and Settings\Administrator>pathping 210.53.105.85

Tracing route to 210.53.105.85 over a maximum of 30 hops

  0  wangx [10.70.101.236]
  1  10.70.101.254
  2  210.51.207.126
  3  210.53.112.1
  4  210.53.105.85

Computing statistics for 100 seconds...
            Source to Here   This Node/Link
Hop  RTT    Lost/Sent = Pct  Lost/Sent = Pct  Address
  0                                           wangx [10.70.101.236]
                                0/ 100 =  0%   |
  1    1ms     0/ 100 =  0%     0/ 100 =  0%  10.70.101.254
                                8/ 100 =  8%   |
  2   73ms    11/ 100 = 11%     3/ 100 =  3%  210.51.207.126
                                0/ 100 =  0%   |
  3   72ms     8/ 100 =  8%     0/ 100 =  0%  210.53.112.1
                                3/ 100 =  3%   |
  4   75ms    11/ 100 = 11%     0/ 100 =  0%  210.53.105.85

Trace complete.
```

图 7-28　Pathping 命令

8. Net 命令是一种基于网络的命令。Net 命令的功能很强大，可以管理网络服务、用户、登录等本地以及远程信息。Net 命令有很多种，这里就不一一详述了，仅介绍几个常用命令。Net view 命令可以显示域列表、计算机列表或指定计算机的共享资源列表，如图 7-29 所示。Net user 命令可以添加或更改用户账号或显示用户账号信息，如图 7-30 所示。

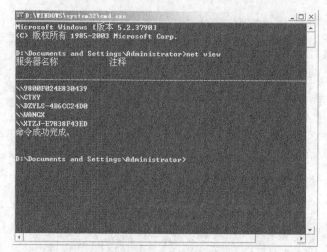

图 7-29　Net view 命令

图 7-30　Net user 命令

Net start 命令可以启动服务，或显示已启动服务的列表；不带参数则显示已打开的服务，如图 7-31 所示。

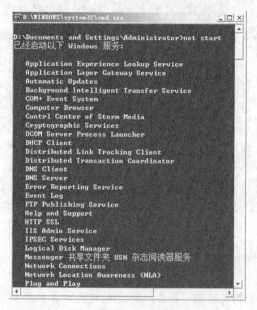

图 7-31　Net start 命令

Net stop 命令可以停止 Windows Server 的服务，如图 7-32 所示。

图 7-32　Net stop 命令

请读者在自己的计算机上运行上述命令。

任务四　局域网常见故障及处理方法

由于网络协议和网络设备的复杂性，在网络维护中，经常会遇到各种各样的网络故障，如无法上网、局域网不通、网络堵塞甚至网络崩溃。在解决故障时，首先必须确切地知道网络到底出了什么毛病，利用各种诊断工具找到故障发生的原因，对症下药，最终排除故障。

根据网络故障的性质，可以把网络故障分为物理故障与逻辑故障两类。网络故障根据故障的不同对象也可以划分为线路故障、路由故障和计算机故障。下面就介绍几种常见故障的现象及处理方法。

（一）　网卡故障及处理

目前宽带的普及使得网卡——这个连接电脑与网络的部件变得尤为重要。网卡如果发生故障，则根本无法联网，下面就列举几个网卡的常见故障以及解决方法。

1.　网络连接不稳定

在网卡工作正常的情况下，指示灯是长亮的（在传输数据时，指示灯会快速地闪烁）。如果出现时暗时明，且网络连接老是不通的情况，最可能的原因就是网卡和 PCI 插槽接触不良。和其他 PCI 设备一样，频繁拔插网卡或移动电脑时，就很容易造成此类故障，重新拔插一下网卡或换插到其他 PCI 插槽都可解决。此外，灰尘多、网卡"金手指"被严重氧化，网线接头（如水晶头）损坏也会造成此类故障。只要清理一下灰尘、把"金手指"擦亮即可解决。

2.　驱动程序出现的故障

网卡和其他硬件一样，驱动程序不完善也极易引起故障，比如采用 Realtek RTL8469 芯片的网卡，在 Windows 2000 下就经常会出现 NetBIOS 和 TCP/IP 方面的错误。将驱动程序更新后，此类问题就会迎刃而解。所以，当网卡出现一些不明缘由的故障时，可以采用更新驱动程序的方法来解决（推荐优先使用经过微软 WHQL 认证的驱动程序，通过此认证的驱动程序与 Windows 系统的兼容性是最好的）。一般在排除硬件、网络故障前提下，升级或重装驱动程序可以解决很多莫名故障。如果网卡故障是发生在驱动程序更新之后的话，可以用网卡自带的驱动程序来恢复。

3. IRQ 中断引起的故障

现在 PCI 网卡均支持即插即用，在安装驱动程序时会自动分配 IRQ（中断）资源。如果预定的 IRQ 资源被声卡、Modem、显卡等设备占用，而系统又不能给网卡重新指定另外的 IRQ 资源的话，就会发生设备冲突，导致设备不能使用的问题。如 Realtek RT8029 PCI Ethernet 网卡就容易和显示卡发生冲突（均使用 IRQ10）。解决方法很简单，可以查找一下主板说明书中对 PCI 插槽优先级部分的说明，将冲突的设备更换到优先级更高的 PCI 插槽上（一般来说，越靠近 AGP 插槽的 PCI 插槽，优先级别就越高），并进行调换，直到两冲突设备不再冲突为止。除此之外，还可以在网卡的设备属性里手动为网卡重新分配 IRQ 值。

4. 磁场导致故障

网卡与其他电子产品一样，很容易受到磁场干扰而发生故障。所以，网卡和网络布线时，就要采用屏蔽性强的网线和网卡设备，同时尽可能地避开微波炉、电冰箱、电视机等大功率强磁场设备，降低网卡产生故障的几率。

5. 网线导致故障

网线本身的质量，还有水晶头的制作水平都会影响网卡的工作状态，很多莫名其妙的网卡故障常常是由此造成的。除了选用更好的双绞线之外，还要注意水晶头与网卡接口之间的接触是否良好，以及水晶头内的数据线排序是否符合 568a 和 568b 的标准。

（二） 交换机故障及处理

作为企业级网络中重要的连接设备，交换机在运行中出现故障是不可避免的。但出现故障后应当迅速进行处理，尽快查出故障点，排除故障，否则就可能引起部分或整个网络的瘫痪，给日常工作带来重大不利影响。下面介绍交换机常见故障和处理方法。

1. 网络环路故障

在规模较大的局域网中，时常会遇到网络通道被严重堵塞的现象。造成这种故障现象的原因很多，例如网络遭遇病毒攻击、网络设备发生硬件损坏、网络端口出现传输瓶颈等。不过，从网络堵塞现象发生的统计概率来看，网络中发生过改动或变化的位置最容易发生故障现象，因为改动网络时很容易引发交换机网络环路，而由交换机网络环路引起的网络堵塞现象常常具有较强的隐蔽性，不利于故障现象的高效排除。

目前新型号的交换机几乎都支持端口环回监测功能。巧妙地利用该功能，就能让交换机自动判断出指定通信端口中是否发生了交换机网络环路现象。在指定的以太网通信端口上启用环回监测功能后，交换机设备就能自动定时对所有通信端口进行扫描监测，以便判断通信端口是否存在交换机网络环路现象。要是监测到某个交换端口被网络环回时，该交换端口就会自动处于环回监测状态。依照交换端口参数设置以及端口类型的不同，交换机就会自动将指定交换端口关闭掉，或者自动上报对应端口的日志信息。日后只要查看日志信息或根据端口的启用状态，就能快速判断出局域网中是否存在交换机网络环路现象了。

2. 电路板故障

交换机一般是由主电路板和供电电路板组成，造成这种故障一般都是这两个部分出现了问题。电路板故障一旦出现，将会导致网络中部分计算机不能访问服务器。

遇到此类问题，应首先确定是主电路板还是供电电路板出现了问题。先从电源部分开始检查，用万能表在去掉主电路板负载的情况下通电测量，看测量出的指标是否正常，若不正常，则换用一个 AT 电源，输入电源到主电路板上，交换机前面板的指示灯恢复正常的亮度和颜色，而所连接这台交换机的电脑正常互访，就说明是供电电路板出现了问题。若以上操作无效的话，问题就应该是出现在主电路板上了。

3. 电源故障

有时，开启交换机后，交换机没有正常运作，而且面板上的 POWER 指示灯也没有亮，风扇也不转动。这种故障通常是由于外部供电环境的不稳定，或者是电源线路老化，又或者是由于遭受雷击等而导致电源损坏或者风扇停止，从而导致交换机不能正常工作。还有可能是由于电源的缘故而导致交换机内其他部件的损坏。

这类问题很容易发现，也很容易解决。当发生这种故障时，首先检查电源系统，看看供电插座有没有电流，电压是否正常。要是供电正常的话，那就要检查电源线是否有损坏，有没有松动等，若电源线损坏的话就更换一条，松动了的话就重新插好。如果问题还没有解决，那就应该是交换机的电源或者是机内的其他部件损坏了。预防方法就是要保证外部供电环境的稳定，最好配置 UPS 系统。还有就是采取必要的避雷措施，以防雷电对交换机造成的损害。

4. 端口故障

有时，整个网络运行正常，但个别计算机就是无法正常通信，这很可能是交换机的端口故障。这是交换机故障中最常见的，如果光纤插头或 RJ-45 端口脏了，可能导致端口污染而不能正常通信。此外，带电插拔接头将会增加端口的故障发生率。在搬运时的不小心，也可能导致端口物理损坏。购买的水晶头尺寸偏大，插入交换机时，也很容易破坏端口。此外，如果接在端口上的双绞线有一段暴露在室外，万一这根电缆被雷电击中，就会导致所连接的交换机端口被击坏。

一般情况下，端口故障是个别的端口损坏，先检查出现问题的计算机，在排除了端口所连计算机的故障后，可以通过更换所连端口，来判断其是否端口问题，若更换端口后问题能解决，再进一步判断是端口的何种缘故。关闭电源后，用酒精棉球清洗端口，如果端口确实被损坏，那就只能更换端口了。

（三） 无线网络故障及处理

现在，利用无线路由器和无线网卡组建局域网的家庭或宿舍很多，但是由于信道的开放性，无线数据传输往往会受到各方面因素的干扰，导致网络连接出现问题。下面介绍无线局域网中常见故障和处理方法。

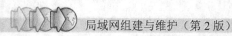

1.　无线网络信号的衰减和干扰

无线信号在穿越障碍物后，尤其是在穿越金属后，信号会大幅衰减。在房子里通常有很多钢筋混凝土墙，所以在摆放路由器的时候，应该使信号尽量少穿越墙壁，并且要尽量离开家用电器。此外，在无线路由器的配置界面里，有一个无线信道的选项。一般来说，54M的无线信道有 11 个，依次是信道 1 到信道 11。当有多个无线信号在使用同一个无线信号频道的时候，就会出现信号干扰。因此在使用无线路由器的时候，可首先对无线信号频道进行修改，以免和附近邻居使用的信道一样而受到干扰。

另外，天线增益的大小直接影响到信号的发射强度和接收能力，有些路由器的天线采用的是可拆卸设计，所以给无线路由器更换一个高增益的天线是增强信号最直接的方法。当然，无线网卡的天线也可进行扩展，只不过无线网卡的天线一般不可拆卸，更换起来也比较麻烦。

2.　无线网络频繁掉线

无线网络频繁掉线，一方面可能是上述信号衰减和干扰引起的，另一方面可能是无线路由器与其他厂家的无线网卡存在软硬件不兼容的问题。最好选择大品牌的产品，这样出现兼容性问题的可能性会减小。此外，无线路由器通常都是长时间工作，存在发热的问题。如果散热不良，容易导致处理速度降低，信号不稳定，最好选择金属外壳的无线路由器。

还有一个容易引起无线网络掉线的问题是无线设备上接入的计算机的数量。虽然从理论上讲，一台无线路由器能在 WLAN 中同时负荷 254 台计算机，但限于目前大多数家用无线路由器的硬件性能，其最佳的负荷数量一般在 3～5 台左右。如果接入的计算机数量太多，每台计算机用户的网络应用又比较频繁，很可能会造成无线路由器力不从心，频频掉线。

3.　无线网络已连接但上不了网

无论是有线网络还是无线网络，都会出现网络受限的情况，即在网络连接的标志上有个黄色惊叹号，然后无法上网。这个问题对于无线网络来说还是很常见的，可能由以下几种情况造成：输入无线连接密码时错误；无线路由器设置了 Mac 地址过滤，一旦更换计算机或无线网卡则无法上网，需要在路由器设置中添加新的 MAC 地址；计算机的服务设置中如果未开启 DHCP，则使用自动分配 IP 的计算机就无法自动配置 IP 地址；首次安装无线网卡时有可能驱动程序未正确安装，也会导致无法上网；安装 Windows XP 操作系统的计算机，需要安装补丁才支持路由器上的 WPA2-PSK 加密方式，如使用了这种加密方式，可以检查一下操作系统是否升级到 SP3。

　虽然故障原因多种多样，但总的来讲不外乎就是硬件问题和软件问题。说得再确切一些，这些问题就是网络连接性问题、配置文件选项问题及网络协议问题。

项目实训　设置本地安全策略防止 ICMP 攻击

通过以上任务的讲解，读者应基本掌握了 Windows Server 2003 操作系统中几个网络管理工具的安装和使用方法以及一些常用的网络故障诊断命令。下面通过实训来巩固和提高所学到的知识。

【实训目的】

一般常用 Ping 命令来检查网络是否畅通，但 Ping 命令也能给 Windows 操作系统带来严重的后果，那就是 Ping 入侵，即因特网控制消息错误报文协议（Internet Control and Message Protocol，ICMP）入侵。其原理是通过 Ping 大量的数据包，使得计算机由于 CPU 使用率居高不下而崩溃，通常表现为在一个时段内连续向计算机发出大量请求，导致 CPU 处理不及而死机。下面利用本地安全策略的设置来防范和解决这个问题。

【实训要求】

掌握计算机本地安全策略的设置，堵塞 Ping 漏洞。

【操作步骤】

1. 在【本地连接属性】对话框中，打开【Internet 协议（TCP/IP）属性】对话框，单击【高级(V)】按钮，打开【高级 TCP/IP 设置】对话框。

2. 切换到【选项】选项卡，单击【属性(P)】按钮，打开【TCP/IP 筛选】对话框，选择【启用 TCP/IP 筛选（所有适配器）】复选框。

3. 分别在【TCP 端口】、【UDP 端口】和【IP 协议】的添加框中，选择【只允许】单选按钮，然后单击【TCP 端口】下方的【添加...】按钮。

4. 在弹出的【添加筛选器】对话框中输入端口，通常用来上网的端口是"80"、"8080"，而邮件服务器的端口是"25"、"110"，FTP 的端口是"20"、"21"，按照同样的方法进行 UDP 端口和 IP 的添加。

5. 选择【控制面板】/【管理工具】/【本地安全策略】选项，在弹出的【本地安全设置】窗口中，用鼠标右键单击【IP 安全策略，在本地计算机】选项，在弹出的快捷菜单中选择【管理 IP 筛选器表和 IP 筛选器操作】命令，在管理 IP 筛选器列表中添加一个新的过滤规则，设置名称为"防止 ICMP 攻击"，单击【添加(D)】按钮，设置【源地址】为"任何 IP地址"，【目标地址】为"我的 IP 地址"，【选择协议类型】为"ICMP"，设置完毕。

6. 切换到【管理筛选器操作】选项卡，撤销对【使用添加向导】复选框的选取，单击【添加(D)...】按钮，弹出【新筛选器操作 属性】对话框。

7. 设置安全措施为"阻止"，切换到【常规】选项卡，设置【名称】为"Deny 的操作"。这样就有了一个关注所有进入 ICMP 报文的过滤策略和丢弃所有报文的过滤操作了。

8. 返回【本地安全设置】窗口，用鼠标右键单击【IP 安全策略，在本地计算机】选项，在弹出的快捷菜单中选择【创建 IP 安全策略】命令，设置名称为"ICMP 过滤器"，通过增加过滤规则向导，把刚刚定义的"防止 ICMP 攻击"过滤策略指定给 ICMP 过滤器，然后选择刚刚定义的"Deny 的操作"。

9. 用鼠标右键单击"ICMP 过滤器"并启用该策略。

项目拓展 解决常见问题

(1) 能使用 QQ 和玩游戏但不能打开网页

为什么会出现能使用 QQ 和玩游戏，但是不能打开网页的现象？

这种情况通常是 DNS 解析的问题，首先需要从 ISP 供应商或者网络管理员那里获取 DNS 服务器的 IP 地址。如果该地址可以 Ping 通，那么建议在计算机网卡上手动设置 DNS

服务器地址。如果是用宽带路由器上网，也可以手动设置 DNS 服务器地址。如果手动设置之后仍然无法打开网页，或者该地址 Ping 不通，则需要请 ISP 或者网络管理员检查 DNS 服务器配置。

(2)　什么是网络监听

网络监听工具是提供给网络管理员的一种监视网络的状态、数据流动情况以及网络上传输的信息的管理工具。当信息以明文的形式在网络上传输时，将网络接口设置在监听模式，便可以源源不断地截获网上传输的信息。网络监听可以在网上的任何一个位置实施，如局域网中的一台主机、网关上或远程网的调制解调器之间等。当黑客成功登录一台网络上的主机并取得这台主机的超级用户权限之后，若想尝试登录其他主机，那么使用网络监听将是最快捷有效的方法，它常常能轻易获得用其他方法很难获得的信息。由于它能有效地截获网上的数据，因此也成了网上黑客使用得最多的方法。网络监听有一个前提条件，那就是只能监听物理上属于同一网段的主机。因为不是同一网段的数据包，在网关就被滤掉，无法传入该网段。

总之，网络监听常常被用来获取用户的口令。因为当前网上的数据绝大多数是以明文形式传输的，而且口令通常都很短且容易辨认。如果截获口令，就可以非常容易地登录另一台主机。

(3)　局域网不通

局域网出现不通的情况，一般有以下几种可能的原因。

- 当整个网络都不通时，可能是交换机或集线器的问题，要看交换机或集线器是否正常工作。
- 只有一台计算机网络不通，即打开这台计算机的【网上邻居】窗口时只能看到本地计算机，而看不到其他计算机，可能是网卡和交换机的连接有问题，那么首先要检查 RJ-45 水晶头是不是接触不良；然后再用测线仪测试一下线路是否断裂；最后要检查一下交换机上的端口是否正常工作。
- 在【网上邻居】窗口中不能看到本地计算机，或在 DOS 命令行窗口中用 Ping 命令。Ping 本地计算机的 IP 地址不通时，说明本地计算机的网络设置有问题。首先想到的应该是网卡的问题，可以在桌面上用鼠标右键单击【我的电脑】图标，在弹出的快捷菜单中选择【管理】命令，在【计算机管理】窗口中选择【网络适配器】选项，检查一下有无中断号及 I/O 地址冲突。如发现网卡没有冲突，下一步就要检查驱动程序是否完好，然后重新安装网卡的驱动程序。
- 在【网上邻居】窗口中能看到网络中其他计算机，但不能对它们进行访问，那么可能是本机的网络协议设置有问题。可以把先前的网络协议删除后再重新安装，并重新设置。

 项目小结

本项目主要介绍了局域网管理与故障诊断的相关知识。本项目分为四个任务：第一个任务介绍了事件查看器的安装及使用，第二个任务介绍了网络监视器的安装及使用，第三个任务介绍了几个常用的网络诊断命令，第四个任务介绍了局域网的常见故障及处理方法。完成了这四个任务的学习之后，就可以对局域网进行基本的管理和故障诊断了。希望读者通过这四个任务的学习，能够增强实际动手能力，熟练运用这些网络管理和诊断工具。

思考与练习

一、填空题

1. Windows Server 2003 操作系统中的事件查看器包含 3 种类型的日志，分别是_____、_____、_____。

2. 创建_____后，网络监视器就可以响应网络上的事件。

3. 根据网络故障的性质，可分为_____故障与_____故障两类。

二、选择题

1. 在 Windows 操作系统中可用（　　）查看进程。

A. 资源管理器　　B. 进程管理器　　C. 事件查看器　　D. 网络监视器

2. 监视器可以是一个单独的设备，也可以是运行（　　）的工作站或服务器等。

A. SNMP　　　　B. SMTP　　　　C. 监视器软件　　D. 事件查看器

三、简答题

1. 试述 Windows Server 2003 操作系统中事件查看器的主要功能。

2. 试述 Winodws Server 2003 操作系统中网络监视器的主要功能。

3. 交换机常见故障和处理方法有哪些？

四、操作题

1. 使用 Net 命令给网络上另外一台计算机发送消息。

2. 在事件查看器中查找某个特定事件。

项目八

局域网安全防范

随着计算机技术的迅猛发展，在计算机上处理的业务也由基于单机的数学运算、文件处理，基于简单连接的内部网络的内部业务处理、办公自动化等发展到基于复杂的内部网（Intranet）、企业外部网（Extranet）、全球互联网（Internet）的企业级计算机处理和世界范围内的信息共享和业务处理。在系统处理能力提高的同时，系统的连接能力也在不断提高。但在连接能力、流通能力提高的同时，基于网络连接的安全问题也日益突出，整体的网络安全主要表现在以下几个方面：网络的物理安全、网络拓扑结构安全、网络系统安全、应用系统安全、网络管理的安全等。计算机安全问题的防范，应做到防患于未然，否则在没有想到自己会成为攻击目标的时候，就会对出现的威胁措手不及，而一旦发生网络安全事故，将可能给个人或单位造成极大的损失。本项目就介绍作为一名网络管理员，应如何对局域网采取相应的安全防范措施。

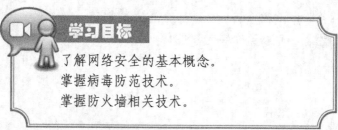

学习目标

了解网络安全的基本概念。
掌握病毒防范技术。
掌握防火墙相关技术。

任务一 网络安全基本概念

当今社会对计算机网络的依赖日益增强，人们建立了各种各样完备的信息系统，使得人类社会的一些机密和财富高度集中于计算机。而这些信息系统都是依靠计算机网络接收和处理信息，实现其相互间的联系和对目标的管理、控制。以网络方式获得信息和交流信息已成为现代信息社会的一个重要特征。随着网络的开放性、共享性及互连范围的扩大，特别是Internet 的出现和普及，使得网络的重要性和对社会的影响也越来越大，安全问题也就显得越来越重要。对网络安全作一个精确的定义是困难的，可以从以下几个方面进行考虑。

① 一个安全的网络保护着该网络中的资源。这些资源包括网络中的数据（不管是通过网络传输的数据还是存储在媒介中的数据），还包括对物理资源的访问权限。

② 这些资源不应该受到有意或无意的破坏。一个安全的网络应该是黑客们难以破坏的。此外还需要防止资源被人无意破坏，这样的破坏在计算机网络中经常发生。

③ 对网络资源的保护不能太强制和繁琐，以至于被授权的人不能以一种简单的方式来访问这些资源。

对网络用户来说，提高网络安全防范意识是解决安全问题的根本所在。具体地说，对凡是来自网上的东西都要持谨慎态度，来历不明的邮件或文件不能轻易打开，以免染上病毒。

（一） 网络安全威胁

网络威胁，简单地说就是指对网络中软、硬件的正常使用性、数据的完整性以及网络通信的正常工作等造成的威胁。这种威胁大的可以使整个网络中的 PC 和服务器处于瘫痪状态，小的可能只是使网络中的某台计算机染上病毒，造成系统性能下降。那么，具体有哪些网络威胁呢？粗略地可以分为计算机病毒与黑客攻击两大类。前者属于被动型威胁，一般是用户通过某种途径，例如使用了带病毒的软盘、光盘、U 盘，访问了带病毒的网页，点击了带病毒的图片，接收了带病毒的邮件等而感染上的。后者属于主动攻击型威胁，例如进行网络监听或植入木马，以获取对方计算机内的资料为目的，这些威胁都是对方人为地通过网络通信连接进行的。下面分别介绍这两类网络威胁。

🔑 计算机病毒

计算机病毒是目前最常见也是最主要的安全威胁。随着计算机网络技术的发展，计算机病毒技术也在快速地发展变化之中，而且在一定程度上走在了计算机网络安全技术的前面。对计算机病毒来说，防护永远只能是一种被动防护，因为计算机病毒也是计算机程序的一种，并没有非常明显的特征，更不可能通过某种方法一次性地全面预防各种病毒。只有当新病毒出现并传播之后才可能被注意和分析，并将其病毒样本加入到防病毒软件的病毒库中予以查杀。

从第一个计算机病毒出现至今短短 20 年间，病毒的发展已经经历了三个阶段：第一个阶段是基于 DOS、Windows 等系统平台的传统病毒，如 CIH 病毒；第二个阶段是基于 Internet 的网络病毒，如红色代码、冲击波、震荡波等，这类病毒往往利用系统漏洞进行全球范围的大规模传播；目前计算机病毒已经发展到了第三个阶段，用户所面临的不再是一个简简单单的病毒，而是包含了病毒、黑客攻击、木马、间谍软件等多种危害于一身的基于 Internet 的网络威胁。因此随着信息安全技术的不断发展，计算机病毒的定义已经被扩大化。目前计算机病毒可以大致分为引导区病毒、文件型病毒、宏病毒、蠕虫病毒等几种。

① 引导区病毒（Boot Virus）：指通过感染软盘的引导扇区和硬盘的引导扇区或者主引导记录进行传播的病毒。这种病毒很难察觉，破坏力也比较大，感染后就会造成系统无法正常启动。

② 文件型病毒（File Virus）：指将自身代码插入可执行文件来进行传播，并伺机进行破坏的病毒。它的主要特征就是伪装成正常的可执行文件，用户很难察觉，运行了被感染的文件后，病毒程序即自动运行。感染了这种病毒的计算机的一个主要表现就是计算机磁盘空间迅速减小。

③ 宏病毒（Macro Virus）：这是使用宏语言编写的病毒程序，可以在一些数据处理系统（主要是 Office 系统）中运行，利用宏语言的功能将自身复制并且繁殖到其他数据文档中。当运行感染了宏病毒的文档时，就会自动地弹出一些未知的窗口，或者自动地进行其他活动。

④ 蠕虫病毒（Worm）：这是目前破坏力比较大的病毒种类。它们是一种通过网络或者漏洞进行自主传播，向外发送带毒邮件或通过即时通信工具（QQ、MSN 等）发送带毒文件，阻塞网络的病毒。蠕虫病毒的最大特征就是消耗系统资源，使得系统性能严重下降。

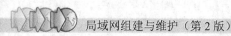

黑客攻击

早期的"黑客"一词极富褒义，用于指代那些独立思考、奉公守法的计算机迷，他们从事的黑客活动是对计算机的最大潜力进行智力上的自由探索，为计算机技术的发展做出了巨大贡献。正是这些黑客，倡导了一场个人计算机革命，打破了以往计算机技术只掌握在少数人手里的局面。现在黑客使用的侵入计算机系统的基本手段，例如破解口令（Password Cracking）、开天窗（Trapdoor）、走后门（Backdoor）、安放特洛伊木马（Trojan Horse）等，都是在这一时期发明的。到了 20 世纪 80、90 年代，计算机越来越重要，大型数据库也越来越多，同时，信息越来越集中在少数人的手里。这样一场新时期的"圈地运动"引起了黑客们的极大反感。这些黑客认为，信息应该共享而不应被少数人垄断，于是将注意力转移到涉及各种机密的信息数据库上。而这时，计算机空间已私有化，成为个人拥有的财产，社会不能再对黑客行为放任不管，而必须采取行动，利用法律等手段来进行控制，黑客活动受到了空前的打击。

几乎每个人都面临着网络安全威胁，都需要对网络安全有所了解，并能够处理一些安全方面的问题。为了把损失降低到最低限度，用户一定要有网络安全观念，并掌握一定的安全防范措施，让黑客无任何机会可乘。下面就来研究一下那些黑客是如何找到用户计算机中的安全漏洞的。只有了解了他们的攻击手段，才能采取有效的对策对付他们。

(1) 获取口令

获取口令有 3 种方法：一是通过网络监听非法得到用户口令，这类方法有一定的局限性，但危害性极大，监听者往往能够获得其所在网段的所有用户账号和口令，对局域网安全威胁巨大；二是在知道用户的账号（如电子邮件@前面的部分）后，利用一些专门软件强行破解用户口令，这种方法不受网段限制，但黑客要有足够的耐心和时间；三是在获得一个服务器上的用户口令文件（此文件为"Shadow"文件）后，用暴力破解程序破解用户口令，该方法的使用前提是黑客获得口令的 Shadow 文件。此方法在所有方法中危害最大，因为它不需要像第二种方法那样一遍又一遍地尝试登录服务器，而是在本地将加密后的口令与 Shadow 文件中的口令相比较，就能非常容易地破获用户密码。尤其对那些口令安全系数极低的用户，更是在短短的一两分钟内，甚至几十秒内就可以将其破解。

(2) 放置特洛伊木马程序

特洛伊木马程序可以直接侵入用户的计算机并进行破坏，它常被伪装成工具程序或者游戏等，诱使用户打开带有特洛伊木马程序的邮件附件或从网上直接下载，一旦用户打开了这些邮件的附件或者执行了这些程序之后，它们就会潜入计算机，并在计算机系统中隐藏一个可以在 Windows 操作系统启动时悄悄执行的程序。当计算机连接到 Internet 时，这个程序就会通知黑客，报告本机的 IP 地址以及预先设定的端口。黑客在收到这些信息后，再利用这个潜伏在其中的程序，就可以任意地修改计算机的参数设定，复制文件，窥视整个硬盘中的内容等，从而达到控制计算机的目的。

(3) WWW 的欺骗技术

在网上，用户可以利用 IE 等浏览器进行各种各样的 Web 站点的访问，如阅读新闻组、咨询产品价格、订阅报纸、电子商务等。然而一般的用户恐怕不会想到有这些问题存在：正在访问的网页已经被黑客篡改过，网页上的信息是虚假的。例如，黑客将用户要浏览的网页的 URL 改写为指向黑客自己的服务器，当用户浏览目标网页的时候，实际上是向黑客服务器发出请求，那么黑客就可以达到欺骗的目的。

(4) 电子邮件攻击

电子邮件攻击主要表现为两种方式：一是电子邮件轰炸和电子邮件"滚雪球"，也就是通常所说的邮件炸弹，指的是用伪造的 IP 地址和电子邮件地址向同一信箱发送数以万计甚至无穷多次的垃圾邮件，致使受害人邮箱被"炸"，严重者可能会给电子邮件服务器操作系统带来危险甚至瘫痪；二是电子邮件欺骗，攻击者佯称自己为系统管理员（邮件地址和系统管理员完全相同），给用户发送邮件要求用户修改口令（口令可能为指定字符串），或在貌似正常的附件中加载病毒或其他木马程序。这类欺骗只要用户提高警惕，一般危害性不是太大。

(5) 通过一个节点来攻击其他节点

黑客在突破一台主机后，往往以此主机作为根据地，攻击其他主机（以隐蔽其入侵路径，避免留下蛛丝马迹）。他们可以使用网络监听方法，尝试攻破同一网络内的其他主机；也可以通过 IP 欺骗和主机之间的信任关系，攻击其他主机。这类攻击很狡猾，但由于某些技术很难掌握，如 IP 欺骗，因此较少被黑客使用。

(6) 网络监听

网络监听是主机的一种工作模式，在这种模式下，主机可以接收到本网段在同一条物理通道上传输的所有信息，而不管这些信息的发送方和接收方是谁。此时，如果两台主机进行通信的信息没有加密，监听者只要使用某些网络监听工具就可以轻而易举地截取包括口令和账号在内的信息资料。虽然网络监听获得的用户账号和口令具有一定的局限性，但监听者往往能够获得其所在网段的所有用户账号及口令。

(7) 寻找系统漏洞

许多系统都有这样那样的安全漏洞（Bugs），其中某些是操作系统或应用软件本身具有的，如"Sendmail"漏洞、Windows 共享目录密码验证漏洞和 IE 浏览器漏洞等，这些漏洞在补丁未被开发出来之前一般很难防御黑客的破坏，除非将网线拔掉；还有一些漏洞是由于系统管理员配置错误引起的，例如在网络文件系统中，将目录和文件以可写的方式调出，将未加 Shadow 的用户密码文件以明码方式存放在某一目录下，这都会给黑客带来可乘之机，应及时加以修正。

(8) 利用账号进行攻击

有的黑客会利用操作系统提供的默认账户和密码进行攻击，例如许多 UNIX 主机都有 FTP 和 Guest 等默认账户（其密码和账户名同名），有的甚至没有口令。黑客用 UNIX 操作系统提供的命令如 Finger 和 Ruser 等收集信息，不断提高自己的攻击能力。这类攻击只要系统管理员提高警惕，将系统提供的默认账户关掉或提醒无口令用户增加口令，一般都能避免。

(9) 偷取特权

偷取特权是指利用各种特洛伊木马程序、后门程序和黑客自己编写的导致缓冲区溢出的程序进行攻击，使黑客非法获得对用户机器的完全控制权或者获得超级用户的权限，从而拥有对整个网络的绝对控制权。这种攻击手段，一旦奏效，危害性极大。

木马程序是一种远程控制程序，黑客利用它们强大的远程控制功能来进行非法活动，但并不是所有的远程控制程序都是木马程序，例如常用的 pcAnyWhere、RemotelyAnyWhere 等都是正常用途的远程控制软件。

说明

（二） 网络安全防范措施

从严格意义上来讲，网络上没有绝对的安全，网络攻击的技术永远走在网络防御技术的前面。可以说，与网络破坏分子的较量是一场"看不见硝烟的战争"，是高科技的较量。下面介绍针对以上威胁的基本防范措施。

病毒防范措施

① 提高防毒意识，不要轻易登录陌生网站，因为其中很可能含有恶意代码。运行IE 浏览器的时候应该把安全级别由"中"改成"高"。有一些网页主要是含有恶意代码的 ActiveX 或 Applet（Java 程序）的网页文件，所以在 IE 浏览器设置中将 ActiveX 插件和控件等全部禁止就可以大大减少被网页恶意代码感染的机率。但是这样做以后，网页浏览过程中就有可能会使一些正常应用 ActiveX 的网站无法浏览。同时应该把浏览器的隐私设置设为"高"。

② 不要随意查看陌生邮件，尤其是带有附件的邮件。有的病毒邮件能够利用 IE 浏览器和 Outlook 的漏洞自动执行，有些甚至只需要将鼠标移到邮件上就可以执行，所以仅仅将陌生的邮件删除是没有用的，还需要安装杀毒软件，并及时更新病毒库。在打开邮件之前对附件进行扫描，即使对于比较熟悉的朋友寄来的邮件，如果信中夹带了程序附件，也不要随意运行，有些病毒会偷偷潜伏在上面。

③ Windows 操作系统允许用户在文件命名时使用多个后缀，而许多电子邮件程序只显示第一个后缀，所以在文件夹选项中应该设置显示文件名的扩展名，使一些有害的文件原形毕露。不要随意打开扩展名为 VBS、SHS 和 PIF 的邮件附件，这些扩展名从未在正常附件中使用过，而是经常被病毒和蠕虫使用。例如邮件的附件名称是"wow.jpg"，而它的全名实际是"wow.jpg.vbs"，打开这个附件就意味着运行一个恶意的"VBScript"病毒。

④ 一般情况下，不要将磁盘上的目录设为共享。如果确有必要，应将权限设置为只读，如需操作应该设置口令（最好是 6 位数以上的字符加数字的口令）。

⑤ 尽量不要从任何不可靠的位置接收数据或者文件。外来文件应该检查后再打开，包括在线系统（如 MSN 或者 QQ）发过来的文件，或者从陌生网站下载的软件。对来历不明或者长期未使用的软盘、光盘，尤其是盗版光盘更需注意。

黑客防范措施

① 经常进行 Telnet、FTP 等需要传送口令的重要机密信息应用的主机，应该单独设立一个网段，以免某一台个人机被攻破后，被攻击者装上"sniffer"，造成整个网段通信全部暴露。

② 专用主机只开专用功能，如运行网管、数据库重要进程的主机上不应该运行如"sendmail"这种 Bug 比较多的程序。网管网段路由器中的访问控制应该限制在最小限度，研究清楚各进程必需的进程端口号，关闭不必要的端口。

③ 对用户开放的各个主机的日志文件全部定向到一个"syslogd server"上集中管理。该服务器可以由一台拥有大容量存储设备的 UNIX 或 Windows NT 主机担当。定期检查备份日志主机上的数据。

④ 网管不得访问 Internet，并建议设立专门的机器使用 FTP 或 WWW 下载工具和资料。

⑤ 提供电子邮件、WWW、DNS 的主机不安装任何开发工具，避免攻击者编译攻击程序。

⑥ 网络配置原则是"用户权限最小化"，例如关闭不必要或者不了解的网络服务，不用电子邮件寄送密码等。

⑦ 下载安装最新的操作系统及其他应用软件的安全和升级补丁，安装几种必要的安全加强工具，限制对主机的访问，加强日志记录，对系统进行完整性检查，定期检查用户的脆弱口令，并通知用户尽快修改。重要用户的口令应该定期修改（不长于 3 个月），不同主机使用不同的口令。

⑧ 定期检查系统日志文件，在备份设备上及时备份。制订完整的系统备份计划并严格实施。

⑨ 定期检查关键配置文件（最长不超过一个月）。

⑩ 制订详尽的入侵应急措施以及汇报制度。一旦发现入侵迹象，立即打开进程记录功能，同时保存内存中的进程列表以及网络连接状态，保护当前的重要日志文件。如有必要，应断开网络连接。在服务主机不能继续工作的情况下，应该有能力从备份磁盘中恢复服务到备份主机上。

> "Botnet"被称做僵尸网络，是许多台被恶意代码感染、控制的与互联网相连接的计算机组成的网络。感染恶意代码的计算机能够被黑客远程控制，而主人还被蒙在鼓里。没有安装恰当的反病毒和防火墙软件的计算机最容易受到感染而成为 Botnet 的一部分。Botnet 被计算机犯罪分子用来发送垃圾邮件、传播计算机病毒、发动拒绝服务攻击。

任务二 计算机病毒防范策略

计算机病毒的防治要从防毒、查毒和解毒等 3 方面来进行；系统对于计算机病毒的实际防治能力和效果也要从防毒能力、查毒能力和解毒能力这 3 方面来评判。

- "防毒"是指根据系统特性，采取相应的系统安全措施预防病毒侵入计算机。
- "查毒"是指对于确定的环境，能够准确地报出病毒名称，该环境包括内存、文件、引导区（含主引导区）、网络等。
- "解毒"是指根据不同类型病毒对感染对象的修改，按照病毒的感染特性所进行的恢复。该恢复过程不能破坏未被病毒修改的内容。感染对象包括内存、引导区（含主引导区）、可执行文件、文档文件、网络等。

（一） 病毒防治技术分类

总的来讲，计算机病毒的防治技术分成 4 个方面，即检测、清除、免疫和防御。除了免疫技术因目前找不到通用的免疫方法而进展不大之外，其他 3 项技术都有相当的进展。下面介绍病毒防治技术。

病毒预防技术

计算机病毒的预防技术，是指通过一定的技术手段防止计算机病毒对系统进行传染和破坏，实际上它是一种特征判定技术，即计算机病毒的预防是根据病毒程序的特征对病毒进行分类处理，然后在程序运行中凡有类似的特征点出现则认定是计算机病毒。具体来说，计算机病毒的预防是通过阻止计算机病毒进入系统内存，或阻止计算机病毒对磁盘的操作尤其是写操作，以达到保护系统的目的。计算机病毒的预防技术主要包括磁盘引导区保护、加密可执行程序、读写控制技术和系统监控技术等。计算机病毒的预防应该包括两个部分：对已知病毒的预防和对未来病毒的预防。目前，对已知病毒预防可以采用特征判定技术或静态判定技术；对未知病毒的预防则采用一种行为规则的判定技术即动态判定技术。

🗝 病毒检测技术

计算机病毒检测技术是指通过一定的技术手段判定出计算机病毒的一种技术。病毒检测技术主要有两种：一种是根据计算机病毒程序中的关键字、特征程序段内容、病毒特征及传染方式、文件长度的变化，在特征分类的基础上建立的病毒检测技术；另一种是不针对具体病毒程序的自身检验技术，对某个文件或数据段进行检验和计算并保存其结果，以后定期或不定期地根据保存的结果对该文件或数据段进行检验，若出现差异，即表示该文件或数据段的完整性已遭到破坏，从而检测到病毒的存在。计算机病毒的检测技术已从早期的人工观察发展到自动检测某一类病毒，今天又发展到能自动对多个驱动器、上千种病毒进行扫描检测。现在大多数商品化的病毒检测软件不仅能够检查隐藏在磁盘文件和引导扇区内的病毒，还能检测内存中驻留的计算机病毒。

🗝 病毒消除技术

计算机病毒的消除技术是计算机病毒检测技术发展的必然结果，是病毒传染程序的一种逆过程。从原理上讲，只要病毒不进行破坏性的覆盖式写盘操作，就可以被清除出计算机系统。安全、稳定的计算机病毒清除工作完全基于准确、可靠的病毒检测工作。计算机病毒的消除严格地讲是计算机病毒检测的延伸，是在检测发现特定计算机病毒的基础上，根据具体病毒的消除方法，从传染的程序中除去计算机病毒代码并恢复文件的原有结构信息。

🗝 病毒免疫技术

计算机病毒的免疫技术目前没有很大发展。针对某一种病毒的免疫方法已不再被使用，而目前尚未出现通用的能对各种病毒都有免疫作用的技术。目前，某些反病毒程序采用给可执行程序增加保护性外壳的方法，能在一定程度上对系统起保护作用。但这种方法的缺陷是，若在增加保护性外壳前该文件已经被某种尚无法由检测程序识别的病毒感染，则此时该程序增加的保护性外壳就会将程序连同病毒一起保护在里面；等检测程序更新了版本，能够识别该病毒时又因为保护程序外壳的"护驾"，而不能检查出该病毒。

（二） 安装使用防病毒软件

作为计算机防病毒最重要的防线，防病毒软件几乎是每台计算机尤其是上网计算机都需要安装的软件。目前主流的防病毒软件主要有瑞星、卡巴斯基、诺顿等，下面就以瑞星为例介绍防病毒软件的安装和使用。

【操作步骤】
1. 双击瑞星 2008 安装文件，出现如图 8-1 所示的【自动安装程序】窗口。
2. 稍等一会儿，出现如图 8-2 所示的【选择语言】对话框，从中选择语言。

图 8-1　【自动安装程序】窗口

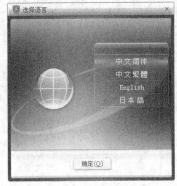

图 8-2　【选择语言】对话框

3.　保持默认选项【中文简体】，单击 确定(O) 按钮，出现如图 8-3 所示的【瑞星杀毒软件】窗口。

4.　单击 下一步(N) 按钮，出现如图 8-4 所示的窗口。

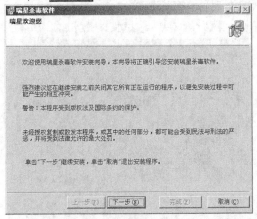

图 8-3　【瑞星杀毒软件】窗口

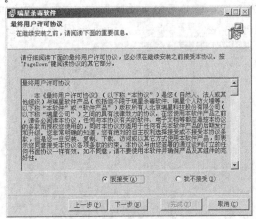

图 8-4　最终用户许可协议

5.　选择【我接受】单选按钮，单击 下一步(N) 按钮，出现如图 8-5 所示的窗口。

6.　在文本框中输入相应的序列号，当出现用户 ID 文本输入框时再输入用户 ID，单击 下一步(N) 按钮，出现如图 8-6 所示的窗口。

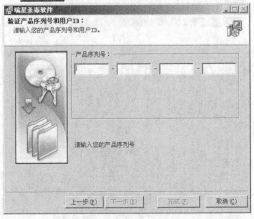

图 8-5　输入产品序列号和用户 ID

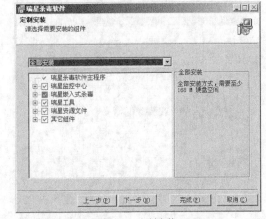

图 8-6　定制安装

7.　选择需要安装的组件，单击 下一步(N) 按钮，出现如图 8-7 所示的窗口。

8. 保持默认安装目录，单击 下一步(N) 按钮，出现如图 8-8 所示的窗口。

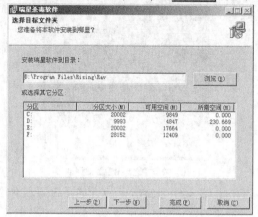

图 8-7　选择目标文件夹

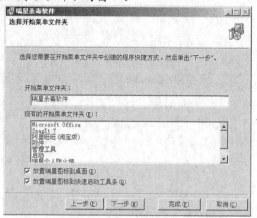

图 8-8　选择开始菜单文件夹

9. 选择开始菜单文件夹，单击 下一步(N) 按钮，出现如图 8-9 所示的窗口。

10. 单击 下一步(N) 按钮，出现如图 8-10 所示的窗口，执行内存病毒扫描。

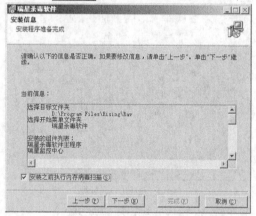

图 8-9　安装程序准备完成

图 8-10　瑞星内存病毒扫描

11. 扫描完内存病毒之后，单击 下一步(N) 按钮，安装状态如图 8-11 所示。

12. 自动进行安装，稍等一会儿，出现如图 8-12 所示的窗口。

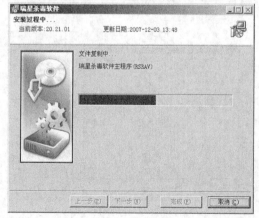

图 8-11　安装过程

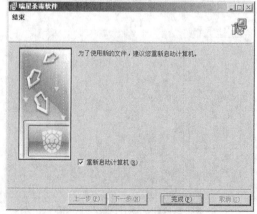

图 8-12　安装结束

13. 单击 完成(F) 按钮，计算机重新启动。再次进入 Windows 界面，出现如图 8-13 所示的窗口。

图 8-13　瑞星杀毒软件界面

14. 安装好之后首先需要进行升级，单击下方的 软件升级 按钮，检测状态如图 8-14 所示。

15. 获取升级信息后系统自动弹出【升级信息】对话框，如图 8-15 所示。

图 8-14　智能升级正在进行

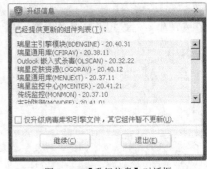

图 8-15　【升级信息】对话框

16. 单击 继续(C) 按钮，下载组件状态如图 8-16 所示。

17. 从网络下载完组件之后，进入如图 8-17 所示的更新状态。

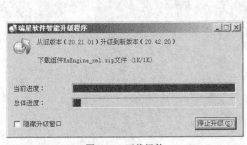

图 8-16　下载组件

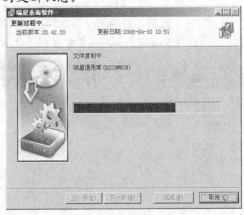

图 8-17　更新过程中

18. 系统自动更新，完成之后如图 8-18 所示。

19. 单击 完成(F) 按钮，系统重新启动。再次进入 Windows 界面后，打开瑞星杀毒软件，切换到【杀毒】选项卡，如图 8-19 所示。

图 8-18　更新结束

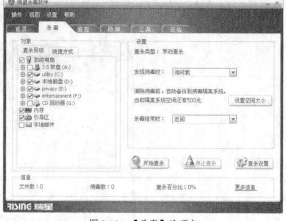

图 8-19　【杀毒】选项卡

20. 单击  按钮，系统将开始查杀系统病毒。切换到【监控】选项卡，如图 8-20 所示，可以启用或关闭文件、邮件以及网页的监控。

21. 切换到【防御】选项卡，可以开启或关闭各种保护控制，如图 8-21 所示。

图 8-20　【监控】选项卡

图 8-21　【防御】选项卡

22. 切换到【工具】选项卡，可以运行瑞星提供的其他几个实用工具，如图 8-22 所示。

23. 切换到【安检】选项卡，可以检查本机的安全防护等级，如图 8-23 所示。

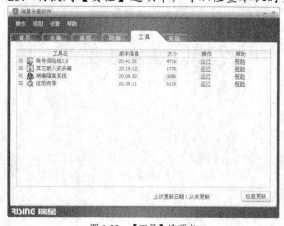

图 8-22　【工具】选项卡

图 8-23　【安检】选项卡

一般各个厂商的杀毒软件之间互不兼容，同时安装会发生冲突。如在安装瑞星之前系统已经安装有其他杀毒软件，必须要先将其卸载之后才能安装瑞星。

任务三 防火墙相关技术

防火墙是指设置在不同网络（如可信任的企业内部网和不可信任的公共网）或网络安全域之间的一系列部件的组合。它可通过监测、限制、更改跨越防火墙的数据流，尽可能地对外部屏蔽网络内部的信息、结构和运行状况，以此来实现网络的安全保护。在逻辑上，防火墙是一个分离器、限制器，也是一个分析器，有效地监控了内部网和 Internet 之间的任何活动，保证了内部网络的安全。

防火墙的作用

(1) 保护脆弱的服务

通过过滤不安全的服务，防火墙可以极大地提高网络安全和减少子网中主机的风险。例如，它可以禁止"NIS"、"NFS"服务通过，同时可以拒绝源路由和"ICMP"重定向封包。

(2) 控制对系统的访问

防火墙可以提供对系统的访问控制。例如，允许从外部访问某些主机，同时禁止访问另外的主机。例如，防火墙可以允许或禁止外部访问特定的"Mail Server"和"Web Server"。

(3) 集中的安全管理

防火墙对企业内部网实现集中的安全管理，在防火墙中定义的安全规则可以运行于整个内部网络系统，而无需在内部网每台机器上分别设立安全策略。防火墙可以定义不同的认证方法，而不需要在每台机器上分别安装特定的认证软件。外部用户也只需要经过一次认证即可访问内部网。

(4) 增强的保密性

使用防火墙可以阻止攻击者获取攻击网络系统的有用信息，如"Figer"和"DNS"。

(5) 记录和统计网络利用数据以及非法使用数据

防火墙可以记录和统计通过防火墙的网络通信，提供关于网络使用的统计数据，并且可以提供统计数据来判断可能的攻击和探测。

(6) 策略执行

防火墙提供了制订和执行网络安全策略的手段。未设置防火墙时，网络安全取决于每台主机的用户。设置了防火墙之后，网络安全就取决于防火墙的安全策略的制定和执行。

防火墙的分类

防火墙总体上分为包过滤、应用级网关和代理服务等几大类型。

(1) 数据包过滤

数据包过滤（Packet Filtering）技术是在网络层对数据包进行选择，选择的依据是系统内设置的过滤逻辑，被称为访问控制表（Access Control Table）。通过检查数据流中每个数据包的源地址、目的地址、所用的端口号、协议状态等因素，或它们的组合来确定是否允许该数据包通过。数据包过滤防火墙逻辑简单，价格便宜，易于安装和使用，网络性能和透明性好，它通常安装在路由器上。路由器是内部网络与 Internet 连接必不可少的设备，因此在原有网络上增加这样的防火墙几乎不需要任何额外的费用。但是数据包过滤防火墙有以下缺点：一是非法访问一旦突破防火墙，即可对主机上的软件和配置漏洞进行攻击；二是数据包的源地址、目的地址以及 IP 的端口号都在数据包的头部，很有可能被窃听或假冒。

(2) 应用级网关

应用级网关（Application Level Gateways）是在网络应用层上建立协议过滤和转发功能。它针对特定的网络应用服务协议使用指定的数据过滤逻辑，并在过滤的同时，对数据包进行必要的分析、登记和统计，形成报告。实际中的应用网关通常安装在专用工作站系统上。

数据包过滤和应用网关防火墙有一个共同的特点，就是它们仅仅依靠特定的逻辑判定是否允许数据包通过。一旦满足逻辑，则防火墙内外的计算机系统将建立直接联系，防火墙外部的用户便有可能直接了解防火墙内部的网络结构和运行状态，这有利于黑客实施非法访问和攻击。

(3) 代理服务

代理服务（Proxy Service）也称链路级网关或 TCP 通道（Circuit Level Gateways or TCP Tunnels），也有人将它归于应用级网关一类。它是针对数据包过滤和应用网关技术存在的缺点而引入的防火墙技术，其特点是将所有跨越防火墙的网络通信链路分为两段。防火墙内外计算机系统间应用层的"链接"，由两个终止代理服务器上的"链接"来实现，外部计算机的网络链路只能到达代理服务器，从而起到了隔离防火墙内外计算机系统的作用。此外，代理服务也对过往的数据包进行分析、注册登记，形成报告，当发现被攻击迹象时会向网络管理员发出警报，并保留攻击痕迹。

传统意义上的防火墙指的是网络防火墙，即处于网络边界上的企业级防火墙。而现在应用比较广泛的还有个人防火墙。个人防火墙是防止个人计算机中的信息被外部侵袭的一项技术，它在 PC 中监控、阻止任何未经授权允许的数据进入或发出到互联网及其他网络系统。它能帮助用户对系统进行监控及管理，防止"特洛伊木马"、"spy-ware"等病毒程序通过网络进入用户的计算机或在用户不知道的情况下向外部扩散，使用十分方便而且实用。下面简单介绍瑞星个人防火墙的安装和使用。

【操作步骤】

1. 瑞星个人防火墙的安装过程与瑞星杀毒软件的安装几乎完全一样，此处不再叙述。当安装结束之后重新启动系统，出现如图 8-24 所示的【瑞星个人防火墙设置向导】对话框。

2. 单击 下一步 按钮，如图 8-25 所示。

图 8-24 【瑞星个人防火墙设置向导】对话框

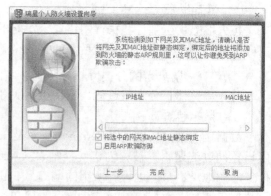

图 8-25 绑定网关和 MAC 地址

3. 单击 完成 按钮完成个人防火墙设置向导。打开瑞星个人防火墙，如图 8-26 所示。此处可查看防火墙的工作状态。

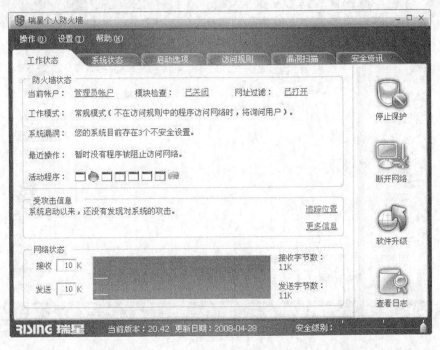

图 8-26　工作状态

4. 切换到【系统状态】选项卡，如图 8-27 所示。此处可以查看网络活动及进程信息。

图 8-27　【系统状态】选项卡

5. 切换到【启动选项】选项卡，可以查看系统启动时自动运行的程序，如图 8-28 所示。

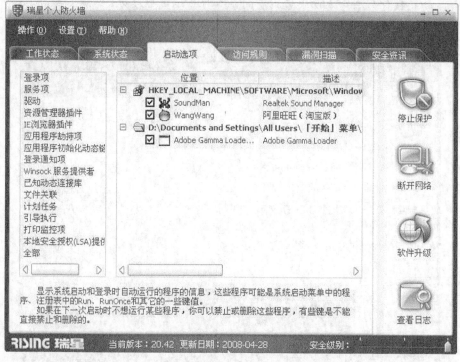

图 8-28 【启动选项】选项卡

6. 切换到【访问规则】选项卡，可以查看目前防火墙的过滤规则，如图 8-29 所示。设置各种访问规则是防火墙最为重要的一项功能。

图 8-29 【访问规则】选项卡

7. 选择如图 8-29 所示列表框中的具体规则，单击 编辑 按钮即可打开【编辑访问规则】对话框进行编辑，如图 8-30 所示。

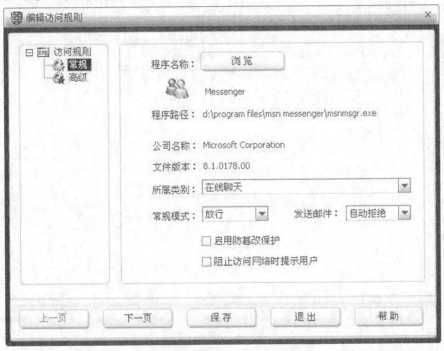

图 8-30 【编辑访问规则】对话框

8. 切换到【漏洞扫描】选项卡，可对本机系统进行漏洞扫描，如图 8-31 所示。

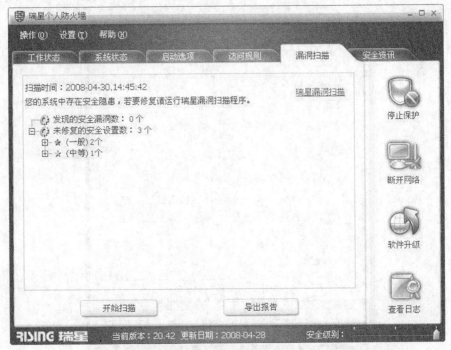

图 8-31 漏洞扫描

9. 单击右侧的"查看日志"按钮 ，可查看防火墙日志，如图 8-32 所示。

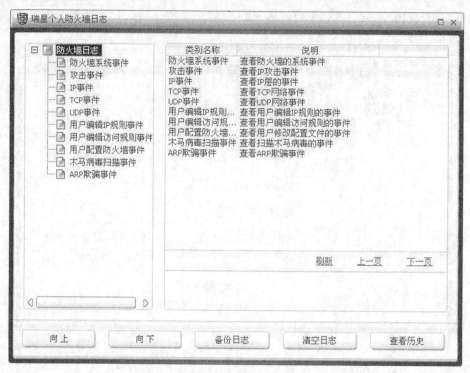

图 8-32　防火墙日志

10. 个人防火墙安装设置完毕之后，每当在系统中运行某个程序时，防火墙将会弹出提示信息，询问是否允许其访问外部网络，如图 8-33 所示。

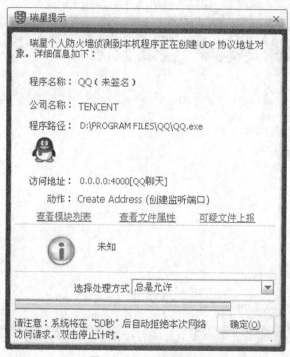

图 8-33　个人防火墙提示

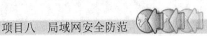

【知识链接】

在计算机的安全防护中，经常要用到杀毒软件和防火墙，这两者在计算机安全防护中所起到的作用是不同的。下面简单介绍它们的异同。

① 防火墙是位于计算机和它所连接的网络之间的软件，安装了防火墙的计算机流入流出的所有网络通信均要经过此防火墙。使用防火墙是保障网络安全的第一步，选择一款合适的防火墙，是保护信息安全不可或缺的一道屏障。

② 因为杀毒软件和防火墙软件本身定位不同，杀毒软件主要用来防病毒，防火墙软件用来防黑客攻击，所以在安装反病毒软件之后，还不能阻止黑客攻击，用户需要再安装防火墙类的软件来保护系统安全。

③ 病毒攻击为可执行代码，黑客攻击为数据包形式。

④ 病毒攻击通常自动执行，黑客攻击是被动的。

⑤ 病毒主要利用系统功能，黑客更注重系统漏洞。

⑥ 当遇到黑客攻击时，反病毒软件无法对系统进行保护。

⑦ 对于初级用户，可以选择使用防火墙软件配置好的安全级别。

⑧ 防火墙软件需要根据具体应用进行配置。

⑨ 防火墙软件不处理病毒。

任务四　端口的安全管理

在网络技术中，端口（Port）有好几种意思。集线器、交换机、路由器的端口指的是连接其他网络设备的接口，如 RJ-45 端口、Serial 端口等。而有些端口不是指物理意义上的端口，而是特指 TCP/IP 协议中的端口，是逻辑意义上的端口。如果把 IP 地址比作一间房子，端口就是出入这间房子的门。真正的房子只有几个门，但是一个 IP 地址的端口可以有 65 536 个。端口是通过端口号来标记的，端口号只有整数，范围是 0～65 535。

那么端口有什么用呢？我们知道，一台拥有 IP 地址的主机可以提供许多服务，比如 Web 服务、FTP 服务、SMTP 服务等，这些服务完全可以通过 1 个 IP 地址来实现。那么，主机是怎样区分不同的网络服务呢？显然不能只靠 IP 地址，因为 IP 地址与网络服务的关系是一对多的关系。实际上是通过"IP 地址+端口号"来区分不同的服务的。

在网络安全威胁中，病毒侵入、黑客攻击、软件漏洞、后门以及恶意网站设置的陷阱都与端口密切相关。入侵者通常通过各种手段对目标主机进行端口扫描，以确定开放的端口号，进而得知目标主机提供的服务，并以此推断系统可能存在的漏洞，并利用这些漏洞进行攻击。因此了解端口、管理好端口是保证网络安全的重要方法。

（一）　端口的分类

从端口的性质来分，通常可以分为以下三大类。

① 周知端口（Well Known Ports）：范围是 0～1 023，它们紧密绑定（binding）于一些服务。通常这些端口的通讯明确表明了某种服务的协议。例如，其中 80 端口分配给 WWW 服务，21 端口分配给 FTP 服务等。在 IE 的地址栏里输入一个网址的时候是不必指定端口号的，因为在默认情况下 WWW 服务的端口号是"80"。

网络服务是可以使用其他端口号的，如果不是默认的端口号，则应该在地址栏上指定端口号，方法是在地址后面加上冒号 ":"（半角），再加上端口号。例如使用 "8080" 作为 WWW 服务的端口，则需要在地址栏里输入 "www. xxx.com.cn:8080"。但是有些系统协议使用固定的端口号，它是不能被改变的，比如 139 端口专门用于 NetBIOS 与 TCP/IP 之间的通信，不能手动改变。

　　② 注册端口（Registered Ports）：范围是 1 024～49 151。它们松散地绑定于一些服务。也就是说有许多服务绑定于这些端口，这些端口同样用于许多其他目的。这些端口多数没有明确的定义服务对象，不同程序可根据实际需要自己定义，如一些远程控制软件和木马程序中都会有这些端口的定义。记住这些常见的程序端口在木马程序的防护和查杀上是非常有必要的。

　　③ 动态和 / 或私有端口（Dynamic and/or Private Ports）：端口号是 49 152～65 535。理论上，不把常用服务分配在这些端口上。有些较为特殊的程序，特别是一些木马程序就非常喜欢用这些端口，因为这些端口常常不被引起注意，容易隐蔽。

　　按照协议类型分类，端口还可被分为 TCP 和 UDP 端口两类。虽然它们都用正整数标识，但这并不会引起歧义，因为数据包在标明端口的同时，还将标明端口的类型。

　　计算机之间相互通信一般采用两种通信协议。一种是发送方直接与接收方进行连接，发送信息以后，可以确认信息是否到达，这种 "建立连接" 的方式大都采用 TCP 协议；另一种是发送方不直接与接收方建立连接，只管把信息放在网上发出去，而不管信息是否到达，这种 "无连接方式" 的方式大多采用 UDP 协议。对应使用以上这两种通信协议的服务所提供的端口，也就分为 "TCP 协议端口" 和 "UDP 协议端口" 两种。

（二）　端口的查看

　　最常见的木马通常是基于 TCP/UDP 协议进行 Client 端与 Server 端之间通信的，它们在 Server 端打开监听端口来等待连接。可以通过查看本机开放的端口，查看自己是否被种了木马或其他 hacker 程序。一台服务器通常有大量端口在使用，怎么来查看端口呢？有两种方式：一种是利用系统内置的命令，一种是利用第三方端口扫描软件。下面就介绍利用 Windows 自带的 netstat 命令来查看端口，这也是最常用的一种查看方式。

【操作步骤】

1. 单击 Windows 桌面上的 "开始" 按钮，从打开的菜单中选择 "运行" 命令，出现如图 8-34 所示的【运行】对话框。

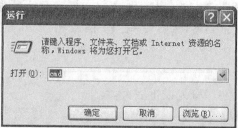

图 8-34　【运行】对话框

2. 在【打开】下拉列表框中输入 "cmd"，单击 确定 按钮，出现如图 8-35 所示的【命令提示符】窗口，输入 "netstat –ano" 并按 Enter 键，出现本机所有的开放端口列表。

图 8-35　显示本机正在使用的端口

3. 若想查询某端口号所对应的进程，可在【命令提示符】窗口中输入"tasklist /fi "pid eq 进程号""，此处的"进程号"即上述列表中 PID 下所列出的数字，此处输入的是 5804，如图 8-36 所示。

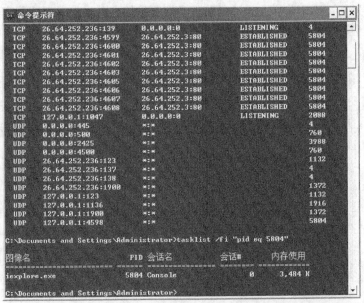

图 8-36　查找某端口所对应的进程

4. 当显示出使用该端口的进程后，如果要中止该进程，可以在【命令提示符】窗口中输入 "taskkill /pid 进程号"，此处输入的进程号为 5804，如图 8-37 所示。

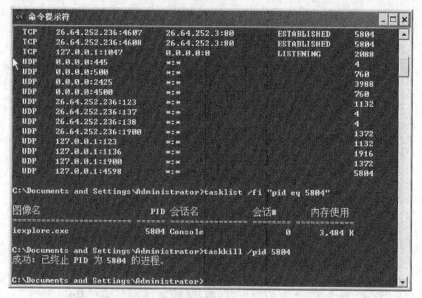

图 8-37　关闭进程

 请读者自己在计算机上运行 netstat 命令，查看本机所开放的端口。

项目实训　安装天网防火墙并设置访问规则

通过以上任务的介绍，读者已经基本掌握了杀毒软件和防火墙的基本原理以及具体的安装配置过程。下面通过实训来巩固和提高所学到的知识。

【实训目的】
通过安装天网个人防火墙并设置其访问规则来理解防火墙的工作原理。

【实训要求】
掌握天网个人防火墙的设置方法，阻止网络上其他的计算机 Ping 本机。

【操作步骤】
1. 从天网防火墙网站"www.sky.net.cn"上下载免费试用版个人防火墙。
2. 安装并运行天网防火墙。
3. 设置防火墙的过滤规则，阻止网络上其他的计算机 Ping 本机。
4. 从网络上其他的计算机上 Ping 本机，查看防火墙是否设置成功。

项目拓展　解决常见问题

(1) 网络不通或网页打开很慢
* 网络防火墙的设置不允许多线程访问。例如 Windows XP SP2 就默认对此设置做了限制，使用多线程下载工具会受到极大限制，BT、迅雷都是如此。因此，

同时打开过多页面也会出现打开网页速度慢的问题。

- 系统有病毒，尤其是蠕虫类病毒会严重消耗系统资源，造成打不开页面，甚至死机。
- 本地网络速度太慢，过多台计算机共享上网，或共享上网用户中有大量下载时也会出现打开网页速度慢的问题。
- 使用的浏览器有 Bug。例如，多窗口浏览器的某些测试版也会出现打开网页速度慢的问题。
- 用户和网站处于不同网段。例如，电信用户与网通网站之间的访问，也会出现打开网页速度慢的问题。

(2) 后门

什么是后门，为什么会存在后门？

后门（Back Door）是指一种绕过安全性控制而获取对程序或系统访问权的方法。在软件的开发阶段，程序员常会在软件内创建后门以便可以修改程序中的缺陷。如果后门被其他人知道，或是在发布软件之前没有删除，那么它就成了安全隐患。

(3) 共享上网是否有被"黑"的危险

现在的共享上网软件功能已经比较强大了，一般都具有防火墙功能，当外界主动连接局域网的时候，由于局域网对外只具有一个合法 IP 地址，外界连接的只是用于共享上网的那台服务器，内部其他的客户机是无法访问的，也就无法被入侵。因此，和各台计算机独立上网比较起来，共享上网大大提高了计算机的安全性。另外，许多宽带路由器也具有防火墙的功能，那么外界连接的也就是路由器本身，绝大多数的黑客攻击在遇到路由器后就无法再起作用了。而且路由器本身是不怕被攻击的，因此安全性更高。

 # 项目小结

本项目主要介绍了网络安全的相关知识，掌握防病毒软件以及个人防火墙的安装配置。本项目分为四个任务：第一个任务是了解网络上的威胁以及防范措施，第二个任务是防病毒软件的相关知识及安装方法，第三个任务是防火墙的相关知识及安装方法，第四个任务是端口的安全管理。完成了这四个任务之后就掌握了在局域网进行安全防范的基本技能。希望读者通过这四个任务的学习，增强实际动手能力，做好局域网防病毒防黑客的工作。

 # 思考与练习

一、填空题

1. _____通过网络，利用计算机技术上的一些漏洞来攻击别人的计算机。
2. 一个病毒程序的特征是：_____和_____。
3. 从端口的性质来分，通常可以分为以下三大类：_____、_____、_____。

二、选择题

1. （　）是采用综合的网络技术设置在被保护网络和外部网络之间的一道屏障，用以分隔被保护网络与外部网络系统，防止发生不可预测的、潜在破坏性的侵入。它是不同网络或网络安全域之间信息的唯一出入口。

  A. 防火墙技术 B. 密码技术 C. 访问控制技术 D. 虚拟专用网

2. （ ）是通过偷窃或分析手段来达到计算机信息攻击目的的，它不会导致对系统中所含信息的任何改动，而且系统的操作和状态也不被改变。

  A. 主动攻击 B. 被动攻击 C. 黑客攻击 D. 计算机病毒

三、简答题

1. 对于个人用户来说，网络安全主要有哪些内容？

2. 在日常工作中要想保护好资料，除了要防范病毒和黑客外，还应做些什么？

3. TCP/IP 端口有什么作用？

四、操作题

1. 在计算机中安装卡巴斯基杀毒软件。

2. 启用系统自带的防火墙，并设置相应策略。

3. 查看本机开放的端口并根据端口号关闭特定进程。